E. Saldaña
'01

PRÉFACE À LA BIBLE HÉBRAÏQUE

George Steiner

Préface à la Bible hébraïque

Traduit de l'anglais
par Pierre-Emmanuel Dauzat

Albin Michel

Titre original :

A PREFACE TO THE HEBREW BIBLE

Traduction française :

22, rue Huyghens, 75014 Paris

www.albin-michel.fr

ISBN : 2-226-12164-1

Note de l'éditeur

Ce texte a d'abord été publié en langue anglaise sous forme de préface à l'Ancien Testament : *The Old Testament : King James Version*, Everyman's Library, 1996, puis repris dans le recueil d'essais de George Steiner, *No Passion Spent. Essays 1978-1996*, Londres, Faber and Faber, 1996.

Note du traducteur

Toutes les notes en bas de page sont du traducteur.

Pour les citations de la Bible, nous nous sommes référé à la Tradition Œcuménique de la Bible (TOB), Paris, Éditions du Cerf, 1994, tout en nous réservant le droit de recourir à d'autres versions ou même de retraduire certains passages afin de rester au plus près de la traduction des auteurs de la « King James Version ».

Ce que vous avez entre les mains n'est pas un livre. C'est *le* livre. Tel est, bien entendu, le sens du mot « Bible ». C'est le livre qui définit la notion même de texte, et pas uniquement dans l'humanité occidentale. Tous nos autres livres, si différents soient-ils par leur matière ou leur méthode, se rattachent, fût-ce indirectement, à ce livre des livres. Ils se rattachent aux réalités du discours articulé, du texte au lecteur, à la confiance dans les moyens lexicaux, grammaticaux et sémantiques dont la Bible est l'origine et qu'elle déploie à un niveau et avec une prodigalité depuis lors inégalés. Tous les autres livres, qu'il s'agisse des histoires, des récits d'imagination, des codes juridiques, des traités de morale, des poèmes lyriques, des dialogues dramatiques ou des méditations théologico-philosophiques, sont pareils à des étincelles souvent lointaines, assurément, colportées par le souffle incessant d'un feu central. En

Occident, mais aussi dans d'autres parties de la planète où le « Bon Livre » a été introduit, la Bible imprègne largement notre identité historique et sociale. Elle donne à la conscience les instruments, souvent implicites, du souvenir et de la citation. Jusque dans les temps modernes, ces instruments étaient si profondément incisés dans nos mentalités, et même, peut-être surtout, parmi ceux qui n'avaient pas encore ou avaient à peine appris à lire et à écrire, que cette référence biblique agissait comme autoréférence, comme passeport pour le voyage vers l'être intérieur. Les Écritures étaient, pour beaucoup sont encore, une présence en action à la fois universelle et singulière, communément partagée et d'une intimité suprême. Ce livre est à nul autre pareil ; tous les autres livres sont habités par le murmure de cette source lointaine (de nos jours, les astrophysiciens parlent du « bruit de fond » de la création).

Au tout dernier décompte, l'Ancien et le Nouveau Testaments ont été traduits en 2010 langues, soit en totalité, soit en larges extraits. Le processus de traduction et de retraduction n'a cessé depuis plus de deux millénaires. Les textes bibliques ont été transmis dans tous les médiums et formes de notation concevables : des rouleaux de papyrus aux disques compacts, des in-folio monumentaux à la miniaturisation de psaumes ou de prières sur des têtes d'épingles. Depuis Gutenberg, la chronique de l'imprimerie, du dessin des caractères, tourne autour des éditions de la Bible. Mais les Écritures saintes sont aussi disponibles en braille ou, pour les sourds, en langues des signes. Aucune bibliothèque, si vaste soit-elle, ne comprend la totalité des Bibles et des Évangiles parlés, écrits et imprimés. La Sainte Bible – mais que signifie cette épithète ? – est de manière presque évidente l'acte de langage le plus largement publié et disséminé sur la face de la terre.

Le corpus biblique, dont la densité et la force de gravitation sont, dans notre civilisation, presque incommensurables, se trouve au centre d'une galaxie de commentaires et d'interprétations dans laquelle chaque moment de traduction est en soi un acte interprétatif. Cette matière secondaire porte, littéralement, sur chaque mot, chaque phrase, verset, chapitre et livre des deux Testaments. Dans certaines traditions du judaïsme, elle porte sur chaque lettre. Des hommes et, plus récemment, des femmes ont consacré leur vie à étudier un seul extrait de la Bible : les premiers chapitres de la Genèse, les prescriptions rituelles du Lévitique, les Psaumes dits « de David », l'immensité incirconscrite d'Ésaïe ou de Job, les chapitres 9-13 de l'épître aux Romains ou les énigmes de l'Apocalypse. La discussion, dont les conséquences altèrent l'histoire politique et sociale de l'Occident, comme dans le cas de la Réforme, a fait rage au cours des siècles sur la vraie lecture de telle ou telle affirmation de Paul, de telle ou telle tournure idiomatique d'Ésaïe 49-53. Des disputes sur la formulation du sacrement du baptême ou les monitions des Évangiles ou des Actes des Apôtres sur les biens privés de l'Église ont engendré leur lot de massacres et semé la désolation dans les cités. L'élision ou le déplacement possibles d'un seul marqueur vocalique dans le texte hébreu peut, comme dans les Nombres 14-15 ou Job, altérer la structure même de la théologie.

Nul exégète ou savant, nul groupe de philologues ou de théologiens philosophes ne saurait être assuré de maîtriser la littérature secondaire concernée. Selon des estimations récentes, on compte plus de trois cents revues, bulletins et actes d'études bibliques publiés régulièrement en une quarantaine de langues. « La fabrication des livres est sans fin. » Les commentaires en plusieurs tomes, les glossaires et les *marginalia* sur la Torah (les cinq livres de Moïse) forment le patrimoine organique du judaïsme. Des commentaires de commentaires de commentaires sont tissés en un écheveau vivant, ininterrompu, qui remonte, très vraisemblablement, au IIe ou IIIe siècle avant Jésus-Christ. Le christianisme est l'héritier direct de ce dialogue multiple avec le texte biblique. Une bonne partie des textes de Paul est, pour ainsi dire, une herméneutique, une glose interprétative portant sur ce qui nous a été transmis des propos et des gestes de Jésus. Aux XIe et XIIe siècles de notre ère, les techniques d'élucidation, de lecture serrée dans les marges et entre les lignes sont devenues volumineuses. De même qu'aucune grande bibliothèque ne possède *toutes* les éditions de la Bible, aucune ne peut se targuer d'avoir dressé le catalogue complet des livres sur la Bible et des livres sur les livres sur la Bible depuis les débuts du Talmud jusqu'à aujourd'hui. Inévitablement, le spécialiste doit aujourd'hui consulter des bibliographies, mais aussi des bibliographies de bibliographies (la Bible résonne dans ce mot même).

Toutes les disciplines, ou presque, de la recherche humaniste et de l'érudition y jouent un rôle. La philologie et la linguistique comparée, l'étude de la grammaire et de la rhétorique se sont formées autour d'un foyer biblique. Les concepts occidentaux d'histoire et d'historiographie naissent des organisations du temps et des faits dans le récit scripturaire, ou se retournent contre elles. La théorie politique du Moyen Âge, de la Renaissance ou du XVIIe siècle recherche son fondement dans les principes théocratiques des formes successives de gouvernement exposées dans l'Ancien Testament ou prétend au contraire s'en émanciper. Au cours des siècles, la jurisprudence s'est débattue avec le problème d'une concordance possible entre les critères mosaïques et pauliniens du droit et ceux des modèles du droit romain et du « droit naturel ». À l'heure actuelle foisonnent les recherches économiques et sociologiques sur l'arrière-plan de la Bible, en particulier sur sa manière de présenter les femmes, ou sur leur effacement. De même en va-t-il pour les livres et les monographies illustrant l'approche psychanalytique de personnages ou d'épisodes bibliques. L'ethnographie et l'anthropologie de la Bible sont des champs complexes à part entière. De surcroît, les lignes d'incidence ne sont pas seulement humanistes. Des ouvrages compendieux et des revues traitent de la faune et de la flore dans la Bible et, autour, des fonctions pérennes et dramatiques de l'agriculture et de la météorologie dans la narration et l'imagerie bibliques (voyez la zoologie du livre de

Job ou la péricope troublante du figuier dans le ministère de Jésus).

Depuis le XIXe siècle – mais le rythme ne cesse de s'accélérer –, il n'est d'aspect de la compréhension, de l'interprétation et de la traduction sur lequel l'archéologie biblique n'ait eu d'influence. L'Ancien Testament est aussi vaste que le ciel étoilé ; mais il est également aussi terre à terre et localisé qu'une carte d'état-major. Prenez-le en main, et il vous guidera, pour ainsi dire coudée après coudée, jusqu'au champ de Guilboa, à la fontaine de Siloé ou au soleil arrêté sur la petite colline des environs d'Ayyalôn. Enfoncez une bêche dans la terre desséchée, dans le désert apparent du Néguev ou dans les monts affairés de Galilée, et c'est le passé biblique qui resurgit. L'archéologie de Jéricho nous ramène six mille ans en arrière, voire davantage ; les « cités de la plaine » sur lesquelles Dieu a laissé libre cours à son courroux ont désormais reçu un « habitat local et un nom » ; les rampes d'accès par lesquelles les armées de Sennachérib conquirent la Judée sont exhumées. La découverte des rouleaux de Qumran ou de la bibliothèque de tablettes gravées à Ebla ont amené à reconsidérer les langues, la chronologie et l'imagerie de la Bible.

Le poids des connaissances est immense, et croissant. Les moyens d'analyse et d'interprétation dont nous disposons – datation au carbone, photographie aux rayons X et aux infrarouges – sont formidables. La remise en ordre et la restauration d'infimes fragments de texte, parfois d'un seul groupe consonantique ou d'un vers mutilé, tiennent de la virtuosité. L'intelligence philologique et sémantique des langues et des alphabets archaïques du Moyen-Orient est en perpétuelle évolution. Par-dessus tout, les théories modernes de la religion et de sa matrice sociale et historique permettent l'interaction sans précédent d'éléments psychologiques et matériels, de l'étude combinée de l'économie et des institutions sociales, de la géographie physique et de l'histoire de la médecine, des sciences politiques et de la poétique. Un bibliste ou un éditeur de textes du temps d'Érasme et de Luther, pour ne dire mot du Moyen Âge, considéreraient nos moyens avec une envie mâtinée de perplexité.

Le fait n'en demeure pas moins clair : ce que nous savons de la Bible et des intentions de ceux qui la composèrent est fragmentaire. Les questions auxquelles nous pouvons répondre avec quelque assurance sont quasiment triviales en comparaison du reste. Des inconnues fondamentales subsistent dans des domaines aussi cruciaux que la chronologie, les moyens lexicaux, la géographie, les relations cardinales entre la factualité historique et le mythe, la chronique et la fable, le littéral et l'allégorique. Y a-t-il eu réellement un Exode, une sortie d'Égypte ? Quand le monothéisme a-t-il triomphé – s'il a triomphé – en Israël ? Quelles preuves historiques a-t-on du personnage d'Abraham ou de Moïse ? Combien de niveaux d'autorité *(authorship)* sont-ils à l'œuvre dans « Ésaïe » ? Quelles significations, quel dessein, quel contexte informateur pouvons-nous attribuer à Job ou à l'Ecclésiaste, à l'attaque physique de Yahvé contre Moïse, au génocide infligé à Israël après que son souverain eut commis la transgression (apparemment vénielle, à nos yeux) d'instituer un recensement ? Tout simplement : quel *est* cet assemblage de voix disparates, de textes de registre et de provenance très divers, formé de la Loi *(Torah)*, des Prophètes *(Neviim)* et des Écrits *(Ketouvim)* ? Qu'est-ce que ce *Tanakh*, pour employer le nom hébreu composé des initiales de ces sections[1] ? Quelle portée, en termes de

1. *Cf.*, en fin de volume, l'appendice du traducteur.

foi et de terreur, pouvons-nous attribuer à ces êtres humains qui, à chaque époque et en tous lieux, professent depuis entendre et recueillir dans ce livre la voix de Dieu ?

Dans l'introduction rudimentaire qui suit, il n'est guère d'affirmation, d'attribution du sens textuel ou de définition des circonstances qui ne requièrent un point d'interrogation. De tous les produits humains (?), c'est à la fois le mieux connu et le moins connu. Peut-être est-il le plus étrange. Une lumière immense, mais perçue « au travers d'un miroir, obscurément[1] ».

1. Traduit le *through a glass, darkly*, de la « King James Version », dans la première lettre aux Corinthiens 13, 12.

1.

Comment les mots de cette édition courante d'une traduction anglaise de la Bible hébraïque nous sont-ils parvenus ?

La sagesse héritée et le bon sens veulent qu'un millénaire de matériau oral ait précédé les tout premiers vestiges de quelque texte biblique que ce soit. Certains récits, mythes, paraboles, morceaux de folklore et éléments de mémoire de l'histoire locale doivent être antérieurs aux versions écrites, si anciennes soient-elles. Dans le cas de l'épopée homérique, il semble que nous ayons affaire aux récitations formulaires de bardes et de rhapsodes plus ou moins professionnels (qui excitent l'ironie de Platon dans son *Ion*). Ainsi a-t-on une idée des corporations de « chanteurs homériques », les Homérides, dont les récitations orales de l'histoire de Troie et des retours au bercail des héros grecs furent rassemblées en un tout plus ou moins unifié, édité et couché par écrit à la fin du VIIe et au

VIe siècle avant l'ère chrétienne. Notre sentiment du « prébiblique » est beaucoup plus obscur.

La Méditerranée ancienne était, très certainement, un monde de chants traditionnels et de bardes, de récits de l'histoire dynastique, notamment à Sumer et en Égypte. La narration de récits, souvent élaborés, et ambigus, paraît caractéristique du peuple que nous appelons les « Juifs ». Une tradition hassidique suggestive veut que Dieu ait fait l'homme afin qu'il puisse raconter des histoires, en particulier à Dieu Lui-même. La figure du chantre – David chantant à l'intention d'un Saül inquiet – est connue de l'Ancien Testament. Mais ce ne sont là que généralités indécises. Plusieurs millénaires d'oralité décisive nous parlent, mais juste hors de portée de voix. Les efforts résolus des chercheurs et des commentateurs pour faire remonter divers éléments linguistiques, voire les récits eux-mêmes, au troisième millénaire enflamment l'imagination. Des archéologues conjecturent que certains épisodes de la Genèse pourraient refléter certains aspects du premier Âge du Bronze, entre 2250 et 2000 avant J.-C. Les cinq villes du chapitre 14 de la Genèse ont été identifiées à cinq sites des rives de la mer Morte. Mais toutes ces propositions demeurent hypothétiques. En l'état actuel de nos connaissances, le plus ancien tesson de langage que la

Bible ait conservé serait le chant de Déborah dans le chapitre 5 des Juges :

> Seigneur, quand tu sortis de Séïr,
> quand tu partis de la steppe d'Édom,
> la terre trembla, les cieux ont déversé,
> les nuées ont déversé de l'eau,
> les montagnes s'affaissèrent [l'hébreu indique *ruisselèrent*] devant le Seigneur (celui du Sinaï),
> devant le Seigneur, le Dieu d'Israël[1].

Il se peut que cette jubilation, ainsi que le vocabulaire et la syntaxe dans lequel elle est exprimée, remonte au XIe, voire au XIIe siècle avant J.-C.

Le soubassement refait surface dans les généalogies, pour nous rébarbatives, qui ponctuent les récits bibliques : les lignées d'Abraham et de Noé, les descendants de Sem. Un matériau très ancien s'attache probablement aux épisodes de nomination, aux histoires qui rapportent comment ont été nommés des êtres humains et des localités – à Penouël, le nouveau nom donné à Jacob, dans le chapitre 32 de la Genèse, en étant l'exemple le plus représentatif, mais aussi le plus confondant. La généalogie et la nomination sont d'essence. Elles nouent en une continuité significative la diversité kaléido-

1. Juges 5, 4-5.

scopique des sources et des techniques d'exposition de l'Ancien Testament. Une façon de définir la Torah et les livres historiques de la Bible hébraïque serait d'y voir un effort véhément d'auto-identification, l'acte de discours et de remémoration délibéré par lequel Israël revendique une légitimité destinée depuis la nuit des temps ; par lequel il s'évertue à ancrer son passé nomade et anonyme dans les noms de lieux de la terre promise. Les noms sont parfois des images : Déborah est l'abeille ou le frelon ; Houldah, la belette. Ils peuvent conférer la royauté, ainsi lorsque Mattanya est rebaptisé Sédécias[1]. Quand ils sont composés et incluent la syllabe « El », ils proclament ce « lien de famille » avec le Tout-Puissant qui est le sceau d'Israël. Avec plus de profondeur encore, les généalogies et les nominations font écho au geste adamique primordial de la nomination au Paradis. Ils concrétisent un élan instinctif, mais aussi ontologique, afin que le langage soit à l'aise dans les turbulences et le mystère d'un monde que l'homme n'a pas créé et qu'il ne dominera jamais entièrement.

Mais quelles que soient les empreintes de passages et de gestes de désignation réellement

1. 2 Rois 24, 17.

archaïques dans nos textes, ceux-ci n'entrent dans l'histoire vérifiable qu'à la fin du VIIe ou au VIe siècle avant J.-C. C'est à cette date seulement qu'on peut, en tout réalisme, invoquer la notion de rouleaux écrits en hébreu. Des fragments de papyrus ou de parchemin nous sont parvenus des IIIe et IIe siècles avant J.-C. Les rouleaux de la mer Morte comportent sans doute des bribes plus anciennes. Mais les spécialistes conviennent dans l'ensemble que la composition effective de l'Ancien Testament tel que nous le connaissons n'est pas antérieure à 850 avant J.-C., et que des inclusions tardives, comme des parties de Zacharie ou du Livre de Daniel, n'auraient pu être écrites qu'entre 168 et 150 avant J.-C. C'est au cours des neuf premiers siècles de notre ère, et sous la pression plus ou moins tangible des pratiques chrétiennes, que des scribes juifs ont mis en forme et transmis le texte consonantique de la Bible hébraïque (en conformité avec la langue hébraïque, les textes anciens n'indiquaient pas les marqueurs vocaliques). La Massorah, ou « tradition » des signes vocaliques, de l'accentuation et des notes marginales, telle que les juifs la connaissent aujourd'hui, est le produit de cette recension médiévale collective. C'est à elle qu'on doit le texte massorétique, dont survivent trente et un manuscrits datant de la fin du IXe siècle jusque vers 1100. L'actuelle *Biblia hebraica* standard repose largement sur le codex de Saint-Pétersbourg, que l'on peut dater de l'an 1009. La *Biblia hebraica stuttgartensia* de 1977 observe les variantes de la version canonique découverte à Qumran.

Avec la dispersion des communautés juives à travers le monde hellénistique, la traduction en grec devint impérative. La fable veut qu'à Alexandrie, à la demande de Ptolémée II, soixante-douze anciens d'Israël aient traduit les Écritures en grec en soixante-douze jours. Et il paraît certain que la Septante – le nom reflète la légende – ait été composée au IIIe siècle avant J.-C. pour les communautés juives de langue grecque. C'est l'Ancien Testament sur lequel se fondent dans leur quasi-totalité la retraduction et le commentaire théologique des premiers chrétiens. Quand le Nouveau Testament cite l'Ancien, c'est presque toujours dans les formulations de la Septante. D'illustres manuscrits de la Septante – tels le *Vaticanus*, le *Sinaiticus* ou l'*Alexandrinus* – nous permettent de tenir en main, pour ainsi dire, le pont littéral qui rattache le judaïsme au christianisme.

Origène (vers 185-254) est l'auteur d'une édition sur six colonnes de la Bible *(Hexapla)* qui reprend l'hébreu traduit par la Septante accompagné d'une transcription de cet hébreu même en caractères grecs. Une version du IIIe siècle en « latin ancien » ne survit qu'à l'état de fragments. Vers 393, en un geste théologiquement et psychologiquement audacieux, Jérôme s'attaque directement à l'original hébreu. Traducteur au génie un peu brutal, il introduisit dans le latin de l'Empire les mots « rendus captifs » par la compréhension qu'il en avait. La *Vulgata* de Jérôme remplaça la Septante dans la tradition et l'*ecclesia* chrétiennes. Nous ne possédons qu'une version manuscrite modifiée de la première Vulgate de Jérôme. Les éditions actuelles, cruciales pour le catholicisme romain et sa liturgie, se réfèrent essentiellement à la Bible complète telle qu'elle a été fixée dans le *Codex amiatinus* au début du VIIIe siècle. C'est Jérôme que Gutenberg imprimera en 1456 et dont Érasme amendera les interprétations dans son édition du Nouveau Testament grec en 1516. C'est la Vulgate que reproduit Ximenès dans sa grande Bible polyglotte complutensienne[1] de 1522, avec ses

1. De *Complutum*, actuelle Alcalá de Henares, en Espagne, où fut publié à partir de 1513 une Bible polyglotte contenant l'Ancien Testament en hébreu, le Targoum d'Onkelos sur le

textes parallèles, magnifiquement imprimés, en hébreu, en grec et en latin. C'est à la fois avec et contre Jérôme que Luther produit, la même année 1522, sa version allemande du Nouveau Testament. Avec les lectures de l'hébreu par Jérôme et leur théorie implicite de la traduction, nous sommes, en un sens, aux portes de la modernité.

L'histoire d'amour entre la langue anglaise et l'Écriture sainte remonte à la fin du VIIe siècle. Lorsque, si l'on en croit Bède le Vénérable, Caedmon, « le vacher », racontait les épisodes de la Bible en vers allitératifs anglo-saxons : « Il chantait la création du monde et le début du genre humain, toute l'histoire de la Genèse, la sortie d'Israël d'Égypte et son entrée dans la terre promise[1] […]. » C'est Bède lui-même, mort en 735, qui aurait traduit en anglo-saxon le Quatrième Évangile. Suivant la tradition, Alfred le Grand[2] composa une traduction du

---

Pentateuque, la Septante, la Vulgate et le Nouveau Testament en grec.

1. Bède le Vénérable, *Histoire ecclésiastique du peuple anglais*, Paris, Les Belles Lettres, vol. 2, 1999, IV, 24, p. 62.

2. Saint Alfred le Grand (vers 849-899 ?), roi du Wessex et des Anglo-Saxons, traducteur de divers ouvrages latins en anglo-saxon, dont l'*Histoire ecclésiastique* de Bède et la *Consolation* de Boèce.

Décalogue et d'autres passages de l'Exode 21-23. Composés dans le dialecte northumbrien vers 950, les Évangiles ornementés de Lindisfarne sont des gloses interlinéaires sur un manuscrit latin du VIIe siècle. Les Évangiles du Wessex, au Xe siècle, nous donnent la plus ancienne traduction en vieil anglais. Suit, en 1020, une traduction en prose de l'abbé Aelfric.

C'est le combat de la Réforme, le souci de rendre la parole divine accessible « selon sa simplicité », qui engendre l'interaction séminale entre la langue anglaise et les Écritures. La première traduction complète de la Bible en anglais paraît en 1382. On l'attribue à John Wycliffe et à un groupe de collaborateurs, au premier rang desquels il faut citer Nicholas de Hereford et John Purvey. Wycliffe et ses collaborateurs suivent la Vulgate presque mot pour mot. Dans la première version *(Early Version)* de Wycliffe, le début du psaume 23 donne ainsi :

> *The Lord governeth me, and no thing to me shall lack ; in the place of leswe [pasture] where he me full set. Over waters of fulfilling he nursed me ; my soul he converted.*

> Le Seigneur me gouverne, et rien ne me manquera, sur les pâturages où il m'a installé. Sur les eaux de l'accomplissement il m'a nourri ; il a converti mon âme.

Les spécialistes indiquent tout ce qu'un tel passage doit au psautier antérieur de Richard Rolle, au XIVe siècle. Mais les « eaux de l'accomplissement » étaient alors en crue. Avant qu'elle ne fût condamnée et brûlée, en 1415, la Bible de Wycliffe avait eu le temps de faire son chemin (cent sept copies manuscrites nous sont parvenues). Bien que scrupuleusement fidèle au latin de Jérôme, la seconde ou *Late Version* de Wycliffe témoigne d'un mouvement crucial vers l'idiomatique, vers le nerf de l'anglais naissant.

Ce mouvement se déploie, de manière incomparable, dans le génie de William Tyndale. Sa réplique à un clerc orthodoxe et défenseur du Droit canon demeure célèbre : « Si Dieu me prête vie de longues années encore, le garçon de charrue, grâce à moi, connaîtra mieux les Écritures que toi ! » *(If God spare my life, ere many yeares, I wyl cause a boye that dryveth the plough shall know more of the scripture than thou doest !)* L'histoire de la composition de cette version souveraine est complexe, parce que faite de persécution, d'exil, de clandestinité et, pour finir, de martyre (Tyndale fut étranglé puis brûlé le 6 octobre 1536). Fondées sur l'original hébreu, la Septante, la Vulgate et celle de Luther pour l'Ancien Testament, sur l'original grec pour le Nouveau, les traductions de

Tyndale parurent entre 1526 et 1535. Imprimé à Cologne, le Nouveau Testament de 1526, suivi de versions révisées en 1534 et 1535, fut introduit en fraude en Angleterre. La répression et l'autodafé des autorités épiscopales furent si efficaces que deux exemplaires seulement nous sont parvenus sur un tirage de près de dix-huit mille. C'est à Anvers que Tyndale travailla sur la Bible hébraïque. Le Pentateuque sortit en 1530, Jonas l'année suivante. L'Ancien Testament de Tyndale demeura donc inachevé.

Persuadé que la « langue grecque s'accorde mieux avec l'anglais qu'avec le latin, que les propriétés de l'hébreu s'accordent mille fois mieux avec l'anglais qu'avec le latin », Tyndale forgea un idiome en harmonie avec la gloire de Dieu. Au-delà de Shakespeare, c'est William Tyndale qui a engendré la langue anglaise telle que nous la connaissons aujourd'hui. La vigueur et le suc de ses traductions de la Bible sont devenus proverbiaux aux deux sens du terme. Ils entremêlent si bien les livres de Moïse et le Nouveau Testament avec les racines de l'anglais que le texte et la langue sont devenus indissociables. Ce sont les cadences de Tyndale, ses sonorités, ses amplitudes et ses concisions (il est maître des unes et des autres) qui, *via* son effet dominant sur l'« Authorized

Version », caractérisent l'anglais mondial qui se parle et s'écrit de nos jours. Aucun acte de traduction, hormis celui de Luther, n'a pareillement engendré une langue entière :

> *Though some of the branches be broken off, and thou being a wild olive tree, are graft in among them, and made partaker of the root and fatness of the olive tree, boast not thyself against the branches. For if thou boast thyself, remember that thou bearest not the root, but the root beareth thee. Thou wilst say then : because of unbelief they are broken off, and thou standest steadfast in faith. Be not high-minded, but fear seeing that God spared not the natural branches, lest haply he also spare not thee.*

> Bien que certaines des branches aient été brisées, et que toi, qui es un olivier sauvage, tu aies été greffé parmi elles, pour avoir part avec elles à la racine et à la fertilité de la racine, ne te vantes pas aux dépens des branches. Car si tu te vantes, souviens-toi que ce n'est pas toi qui portes la racine, mais la racine qui te porte. Tu diras alors : pour cause d'incroyance elles sont brisées, et toi tu te tiens ferme dans la foi. Mais ne t'enorgueillis point, crains plutôt, voyant que Dieu n'a pas épargné les branches naturelles, que peut-être il ne t'épargne pas non plus[1].

1. Romains, 11, 17-21.

Mais en voici un autre exemple :

And he said unto them, be not afraid : ye seek Jesus of Nazareth which was crucified, but he is not here. Behold the place where they put him. But go your way, and tell the disciples, and namely Peter : he will go before you into Galilee : there shall ye see him, as he said unto you. And they went out quickly and fled from the sepulchre. For they trembled and were amazed. Neither said any thing to any man, for they were afraid.

Et il leur dit : ne vous effrayez pas. Vous cherchez Jésus de Nazareth, qui a été crucifié, mais il n'est pas ici. Voyez l'endroit où on l'avait mis. Mais allez votre chemin et dites aux disciples, et notamment à Pierre : il vous précédera en Galilée ; c'est là que vous le verrez, comme il vous l'a dit. Elles s'en allèrent et s'enfuirent loin du sépulcre. Car elles tremblaient et étaient bouleversées. Et elles ne dirent rien non plus à personne, car elles avaient peur[1].

Let there be light, and there was light (« Que la lumière soit, et la lumière fut[2] ») ; *Ask and it shall be given you ; seek, and ye shall find ; knock*

1. Marc 16, 6-9.
2. Genèse 1, 3.

and it shall be opened unto you (« Demande, et il te sera donné ; cherche, et tu trouveras ; frappe, et on t'ouvrira[1] ») ; *the salt of the earth* (« le sel de la terre[2] ») ; *The Powers to be* (« le pouvoir en place[3] ») ; *filthy lucre* (le « lucre immonde[4] »): tout cela, c'est du Tyndale. Luc 2, l'épître aux Colossiens, le chapitre 21 de l'Apocalypse de l'« Authorized Version » sont, presque au mot près, de Tyndale. C'est son nom qui passe sous silence, mais l'anglais porte sa marque immémoriale.

Dédiée à Henry VIII, la première Bible anglaise complète fut celle éditée et publiée, toujours sur le Continent, par Miles Coverdale. Des portions de Tyndale se retrouvent dans l'Ancien Testament, tandis que le Nouveau n'est qu'une version révisée de son travail. Deux ans après Coverdale, en 1537, parut la première version anglaise autorisée éditée par les soins de John Rogers, associé de Tyndale. La Torah et le Nouveau Testament sont de lui. De surcroît, Rogers se servit abondamment des manuscrits inédits de Tyndale pour les livres compris entre

1. Matthieu 7, 7 et Luc 11, 9.
2. Matthieu 5, 13.
3. Romains 13, 1.
4. 1 Timothée 3, 3 et 8 ; Tite 1, 7 et 11 ; 1 Pierre 5, 2.

Josué et le deuxième livre des Chroniques. En 1539, une version révisée de cette « Bible de Matthieu » *(Matthew Bible)* fut imprimée en Angleterre. Cette même année, à Paris, Coverdale publia ce qu'on devait appeler la « Grande Bible » *(Great Bible)*, du fait de son format. Son texte amende la « Bible de Matthieu » et repose donc, pour l'essentiel, sur Tyndale. Le bref règne de la reine Marie arrêta toute impression et publication de Bibles de langue anglaise dans le royaume. Une fois de plus, seules purent servir les presses continentales. Petit in-octavo, la « Bible de Genève », de William Whittingham, était donc relativement facile à introduire en fraude en Angleterre. Publiée dans les années 1557-1560, elle fut la première à numéroter les versets. La « Bible de Genève » *(Geneva Bible)* connut quelque cent cinquante éditions. C'est celle de Shakespeare, de Cromwell, de Bunyan et des Puritains de Nouvelle-Angleterre. La piété et l'érudition se donnaient la main : « Pourtant, de crainte que le simple ne soit découragé, ou que le malveillant ait une occasion de justes cavillations[1], en voyant certaines traductions lues de certaine

1. Autrement dit, de « chicanes ».

façon, et d'autres, d'une autre *(some translations read after one sort and some after another)*, tandis que toutes peuvent servir à de bonnes fins et à l'édification, nous avons noté en marge la diversité de langage ou de lecture qui peut être aussi agréable à l'esprit *(mind)* du Saint-Esprit et propre à notre langue. » La riposte des catholiques romains fut la « Bible de Reims et de Douai », publiée entre 1582 et 1610. Largement influencée par les interprétations augustiniennes, cette traduction se propose de « découvrir les corruptions » insinuées par des traducteurs hérétiques dans la Bible anglaise. Une révision de la « Grande Bible », épurée de gloses protestantes inacceptables, fut placée dans toutes les cathédrales. Il y en eut vingt éditions avant 1606. Mais la « Bible de Genève » resta celle du lecteur ordinaire. C'est précisément la rivalité entre ces deux Bibles qui définit le cadre de la « King James Version ».

L'érudition a élucidé maints aspects des origines et de la production de ce très célèbre monument formateur de la langue anglaise. Sa magnificence prodigue fait presque l'unanimité. De manière assez surprenante, pourtant, bien des obscurités demeurent quant au processus concret de traduction, aux options interprétatives et, par-dessus tout, à la tactique d'unification dans le texte définitif.

C'est en janvier 1604 à Hampton Court, lors d'une conférence de théologiens et d'ecclésiastiques, que fut avancée l'idée d'une nouvelle traduction des Saintes Écritures. Cinquante-quatre savants et hommes d'Église furent répartis en six compagnies : trois pour l'Ancien Testament, deux pour le Nouveau, et une pour les Apocryphes. Ils se mirent au travail en 1606 et se réunirent plus ou moins régulièrement à l'abbaye de Westminster, à Oxford et à Cambridge. La « Bishops' Bible » (« Bible des évêques »), c'est-à-dire la « Grande Bible » amendée, devait être suivie partout où la fidélité à l'original le permettrait. Mais les traducteurs furent en outre autorisés à consulter la Bible de Tyndale, celle de Coverdale, la « Grande Bible » et celle de Genève.

Le *work in progress*, le « travail en chantier », a en partie survécu. La Bodleian Library possède ainsi une copie de l'édition de 1602 de la « Bishops' Bible » avec des annotations des nouveaux traducteurs. L'une des compagnies de Westminster prépara un manuscrit destiné à des révisions savantes ultérieures. John Bois, l'un des traducteurs, a laissé des notes à la fois fascinantes et difficiles à interpréter. Elles offrent au moins un aperçu des opinions de divers théologiens et érudits et des discussions auxquelles donnèrent lieu les ultimes révisions des épîtres de Paul et de l'Apocalypse. Une analyse serrée du grec sous-tend la traduction mot à mot, qui est à son tour confrontée à une version plus anglaise, plus proche de la langue courante. L'impulsion dominante est le souci d'établir la vérité de la parole de Dieu. Lui seul en est l'auteur, quand le Saint-Esprit en est l'« éditeur ». Mais c'est précisément cette certitude qui permet, en vérité qui oblige les traducteurs de l'époque de Jacques Ier à examiner d'un regard critique les versions antérieures, dont la Septante. Étant l'ouvrage de mains infirmes et mortelles, celles-ci réclament une amélioration. « Car le royaume de Dieu devient-il mots ou syllabes ? Pourquoi devrions-nous être asservis à eux, si nous pouvons être libres ? En utiliser un précisément quand nous pouvons en employer un autre non moins juste aussi commodément[1] ? »

Malgré cette préface programmatique et les documents qui ont survécu, on ne sait cepen-

1. « The translators to the Reader », préface des traducteurs à la « King James Version ». *Cf.*, par exemple, *The Bible. Authorized King James Version*, introd. R. Carroll et Stephen Prickett, Oxford, Oxford University Press, 1997, p. XLVIII.

dant pas grand-chose de la critique textuelle et des débats qui ont conduit aux choix opérés dans l'« Authorized Version » telle qu'elle est parue en 1611. En particulier, nous en sommes réduits à des conjectures sur la « communauté » *(commonwealth)* de sensibilité, de présomptions partagées, à l'égard des originaux hébreu, grec et latin qui inspirèrent la cohérence tonale, l'interaction harmonique de cette immense entreprise. On est tenté d'imaginer un rédacteur en chef, un esprit aussi érudit qu'attentif au style, se chargeant de réunir, d'harmoniser la version finale afin d'atténuer les *inévitables* différences de registre entre les collaborateurs et les compagnies de traducteurs. D'aucuns prétendent que Francis Bacon aurait joué les arbitres et les unificateurs. Mais, jusque-là, on n'en a aucune preuve.

Au tournant du XVIIe siècle, l'anglais était à son méridien. Chaque fois que nous le rencontrons, dans des textes politiques et diplomatiques, en théologie, dans l'historiographie, dans chaque branche de la littérature, le langage déploie une force d'acquisition – mots nouveaux empruntés à des langues européennes, nouveaux mondes de découverte –, une diversité d'organisation lexicale et grammaticale, une musique de sens inégalées depuis.

C'est l'instrument de Spenser, de Shakespeare, de Bacon, de Donne et du jeune Milton. On y trouve les grandes orgues qui soufflent dans la rhétorique de la reine, les intimités du désir d'un Sydney, la « légèreté lapidaire » de Ben Jonson et la densité *(compaction)* des premiers poètes métaphysiques. C'est une langue qui peut commander, séduire, enchanter et penser à haute voix comme jamais ce ne fut le cas avant ni après. Ses deux composantes organiques, l'anglo-saxon et le latin, sont tantôt opposées, tantôt fusionnées. Le sublime et le parler courant, voire l'argotique, concourent aux fins communes de l'expression. L'« Homère » de Chapman, l'« Ovide » de Golding, le « Montaigne » de Florio, le « Plutarque » de North, le « Rabelais » d'Urquhart attestent le charme souverain des traductions métamorphiques, des « ingestions » (le mot est de Ben Jonson) en anglais qui font de l'original grec, latin, italien ou français une présence séminale dans le trésor national. Il ne saurait y avoir eu de moment, de climat de sensibilité et de discours général plus apte à engendrer les deux plus éminentes constructions de la langue anglaise, Shakespeare et l'« Authorized Version », avec ses solennités incomparables :

And darkness was upon the face of the deep. (Genèse 1, 2)

Et la ténèbre fut sur la face de l'abîme.

Hast thou entered into the springs of the sea ? Or hast thou walked in the search of the depth ? (Job 38, 16)

Es-tu parvenu jusqu'aux sources de la mer ? As-tu marché dans la quête de l'abîme ?

Lift up your heads, O ye gates ; and be ye lift up, ye everlasting doors ; and the King of glory shall come in. (Psaumes 24, 7)

Ô vous, portes, levez la tête ; et soyez levées, vous portes éternelles ; et le Roi de gloire entrera.

And it shall come to pass, that he who fleeth from the noise of the fear shall fall into the pit ; and he that cometh up out of the midst of the pit shall be taken in the snare : for the windows from on high are open, and the foundations of the earth do shake. (Ésaïe 24, 18)

Et il adviendra que celui qui fuit le cri d'effroi tombera dans la fosse ; et celui qui s'extrait de la brume de la fosse sera pris dans le filet : car les fenêtres d'en haut sont ouvertes, et les fondations de la terre tremblent.

And the likeness of the firmament upon the heads of the living creature was as the colour of the terrible crystal, stretched forth over their heads above. (Ézéchiel 1, 22)

Et l'image du firmament, au-dessus de la tête des vivants, était de la couleur du terrible cristal, s'étendant bien au-dessus de leurs têtes.

For wheresoever the carcase is, there will the eagles be gathered together. (Matthieu 24, 28)

Car où que soit la carcasse, les aigles se rassembleront.

Heaven is my throne, and earth is my footstool : what house will ye build me ? saith the Lord : or what is the place of my rest ?
(Actes des apôtres 7, 49)

Le ciel est mon trône, et la terre mon escabeau : quelle maison allez-vous me bâtir, dit le Seigneur ; quel sera le lieu de mon repos ?

For I am persuaded that neither death, nor life, nor angels, nor principalities, nor powers, nor things present, nor things to come, nor height, nor depth, nor any other creature, shall be able to separate us from the love of God, which is in Christ Jesus our Lord. (Romains 8, 38-9)

Car je suis persuadé que ni la mort ni la vie, ni les anges, ni les principautés ni les puissances, ni les choses présentes ni les choses à venir, ni les hauteurs ni les abîmes, ni aucune autre créature ne pourront nous séparer de l'amour de Dieu qui est en Jésus-Christ notre Seigneur.

And the angel thrust in his sickle into the earth, and gathered the vine of the earth, and cast it into the great winepress of the wrath of God. And the winepress was trodden without the city, and blood came out of the winepress, even unto the horse bridles, by the space of a thousand and six hundred furlongs. (Apocalypse 14, 19-20)

Et l'ange lança sa faucille sur la terre, et cueillit le raisin de la terre et le jeta dans le grand pressoir du courroux de Dieu. Et le pressoir fut foulé hors de la cité, et le sang jaillit du pressoir, jusqu'aux mors des chevaux, sur une étendue de mille six cents stades.

Observez l'exactitude des mesures : ces mors des chevaux et ces stades. Si cette « King James Version » terrasse par sa grandeur, par ses évocations de l'immensité majestueuse, elle n'est pas moins inspirée dans sa manière de rendre les détails infimes, l'intime et le tout petit :

And behold, he formed grasshoppers in the beginning of the shooting up of the latter growth. (Amos 7, 1)

Et voyez, il forma les sauterelles quand le regain commençait à pousser.

And the grasshopper shall be a burden. (Qohéleth 12, 5)

Et la sauterelle sera un fardeau.

Yet a little sleep, a little slumber, a little folding of the hands to sleep. (Proverbes 6, 10)

Pourtant un peu dormir, un peu somnoler, un peu croiser les mains pour dormir.

Voyez encore cette épithète de 1 Samuel 15, 32, l'une des plus obsédantes de la littérature universelle : *And Agag came unto him delicately*, soit « Et Agag vint à lui délicatement ». Il n'est pas de poésie érotique plus belle que celle de l'Ancien Testament :

I have perfumed my bed with myrrh, aloes, and cinnamon. Come, let us solace ourselves with loves. (Proverbes 7, 17-18)

J'ai parfumé ma couche de myrrhe, d'aloès et de cinnamome. Viens, consolons-nous de voluptés.

Le Cantique des Cantiques est à cet égard mémorable :

> *Thy lips, O my spouse, drop as the honeycomb: honey and milk are under thy tongue; and the smell of thy garments is like the smell of Lebanon. A garden inclosed* is *my sister,* my *spouse; a spring shut up, a fountain sealed.* (4, 11-12)
>
> Tes lèvres, ô mon épouse, gouttent comme un nid d'abeilles : miel et lait sont sous ta langue ; et la senteur de tes vêtements est comme la senteur du Liban. Ma sœur, mon épouse est un jardin clos ; une source fermée, une fontaine scellée.
>
> *Thy navel is like a round goblet, which wanteth not liquor: thy belly is like an heap of wheat set about with lilies. Thy two breasts are like two youngs roes that are twins.* (7, 2-3)[1]
>
> Ton nombril est comme un gobelet rond, qui ne manque point de liqueur ; ton ventre est tel un monceau de blé bordé de lis. Tes deux seins sont comme deux jeunes faons qui sont jumeaux.

Notez le détail mystérieusement suggestif dans Amos 6, 4 : Dieu menace de déchaîner sa

1. La numérotation est ici différente de celle de la TOB, qui donne 7, 3-4.

fureur contre les riches insouciants qui *eat the calves out of midst of the stall*, « mangent les veaux choisis dans les étables ». Ou cette unique gerbe oubliée qui, lors de la moisson, ne sera pas récupérée mais laissée *for the stranger, for the fatherless, and for the widow*, « pour l'étranger, pour l'orphelin de père, et pour la veuve » (Deutéronome, 24-19). Tout au long des parties « législatives » des livres de Moïse, mais aussi dans les profondeurs ardentes de la prophétie, Dieu habite les détails.

Il est presque sot d'insister sur le génie narratif de ces textes, leurs arts du conte (qui, avec Homère, donneront naissance à nos littératures). Terrorisé par le futur, Saül avait fait massacrer les devins, les magiciens, les mages avec leurs « esprits familiers[1] ». Mais il est maintenant possédé d'une peur noire. Déguisé, accompagné en tout et pour tout de deux hommes, il se rend nuitamment auprès de la sorcière d'Ein-Dor. Elle craint un piège mortel : « Pourquoi me tends-tu donc ce piège mortel, pour causer ma mort[2] ? » *(Wherefore then layest thou a snare for my life, to cause me to die ?)*. Quand le solliciteur la prie de faire venir

1. 1 Samuel 28, 3.
2. 1 Samuel 28, 9.

le spectre de Samuel, elle s'écrie : « Pourquoi m'as-tu trompée ? Tu es Saül[1] ! » *(Why hast thou deceived me ? For thou art Saul)*. Samuel prophétise un destin implacable. Saül s'effondre à terre, « car il n'avait point mangé de pain de toute la journée, ni de toute la nuit[2] » *(for he had eaten no bread all the day, nor all the night)* – l'une de ces touches magistrales de réalisme sans fard, de naturalisme au cœur persuasif du surnaturel. C'est maintenant la ténébreuse femme d'Ein-Dor qui prend en pitié son menaçant visiteur. Elle tue son veau, cuit du pain sans levain et prie Saül et ses compagnons d'en manger. Et « ils mangèrent. Puis ils se levèrent et s'en allèrent la nuit même[3] » *(they did eat. Then they rose up, and went away that night)*. Toute l'histoire n'occupe que dix-huit versets du chapitre 28 du premier livre de Samuel. Pourtant, la finesse et la richesse des nuances psychologiques – la peur de la femme, sa reconnaissance du roi, l'implacable rigueur de la réponse de Samuel, l'épuisement physique et mental de Saül – égalent celles d'un épisode comparable de *Macbeth*. L'économie biblique

1. 1 Samuel 28, 12.
2. 1 Samuel 28, 20.
3. 1 Samuel 28, 25.

défie et, peut-être, dépasse la prodigalité de Shakespeare. Le commentaire reste gourd devant l'autorité technique, le trait narratif de la phrase finale : le départ, la nuit même, des hommes qui se hâtent vers une aube meurtrière.

La période élisabéthaine et celle de Jacques Ier partageaient la foi traditionnelle dans les pronostics, la prophétie, la divination en tout genre. L'astrologie et la nécromancie étaient des pratiques courantes dans la vie quotidienne comme dans les affaires d'État. En même temps, la « nouvelle philosophie » des mathématiques et des sciences naturelles « mettait tout en doute ». La sensibilité oscillait, pour ainsi dire, entre Nostradamus et Galilée. Peut-être est-ce cette ambivalence inquiète qui, dans l'« Authorized Version », donne leur immédiateté imposante aux livres prophétiques de la Bible hébraïque. La menace atteint des hauteurs inhumaines dans les chapitres 19 à 21 de Jérémie :

> *And I will make this city desolate, and an hissing ; every one that passeth thereby shall be astonished and hiss because of all the plagues thereof. And I will cause them to eat the flesh of their sons and the flesh of their daughters, and they shall eat every one the flesh of his friend in the siege and*

straitness, wherewith their enemies, and they that seek their lives, shall straiten them. [...] Cursed be the man who brought tidings to my father, saying, A man child is born unto thee; making him very glad. And let that man be as the cities which the Lord overthrew, and repented not; and let him hear the cry in the morning, and the shouting at noontide; Because he slew me not from the womb; or that my mother might have been my grave, and her womb to be always great with me. Wherefore came I forth out of the womb to see labour and sorrow, that my days should be consumed with shame?

Je transformerai cette ville en désolation et en sifflement ; qui passera près d'elle en sera pantois et sifflera à la vue de tels fléaux. Et je leur ferai manger la chair de leurs fils et la chair de leurs filles ; et les amis se mangeront les uns les autres dans le siège et la gêne par lesquels leurs ennemis, et ceux qui en veulent à leur vie, les réduiront[1]. [...] Maudit soit l'homme qui apporta la nouvelle à mon père, lui disant : un enfant t'est né, et le comblant de joie. Et que cet homme devienne pareil aux cités que le Seigneur a renversées, sans s'en repentir ; qu'il entende le cri au matin, et les hurlements à midi. Que ne m'a-t-il arraché de la matrice ? Ma mère aurait pu

1. Jérémie 19, 8-9.

être ma tombe, et sa matrice être toujours grosse de moi. Pourquoi donc suis-je sorti de la matrice pour connaître peine et affliction, pour que mes jours soient consumés de honte ?

Auschwitz et le Rwanda sont là.

Mais si la gamme des imprécations, des anathèmes d'anéantissement, est caractéristique des Prophètes, si leur prévision nous réduit en poussière, le rayonnement de la promesse n'est pas moins valable. Il fait contrepoint au caractère sinistre d'Amos :

Behold, the days come, saith the Lord, that the plowman shall overtake the reaper, and the treader of grapes him that soweth seed; and the mountains shall drop sweet wine, and all the hills shall melt.

And I will bring again the captivity of my people of Israel, and they shall build the waste cities, and inhabit them; and they shall plant vineyards, and drink the wine thereof; they shall also make gardens, and eat the fruit of them.

And I will plant them upon their land, and they shall no more be pulled up out of their land which I have given them, saith the Lord thy God. (Amos 9, 13-15)

Voici que viennent les jours, dit le Seigneur, où le laboureur rattrapera le moissonneur, et le fouleur des grappes celui qui ensemence ; où les montagnes dégoutteront de vin doux, et toutes les collines ruisselleront.

Et je sortirai de captivité mon peuple d'Israël, et ils rebâtiront les villes dévastées, et y habiteront ; ils planteront des vignes, et en boiront le vin ; ils feront aussi des jardins, dont ils mangeront les fruits.

Et je les planterai sur leur terre, et ils ne seront plus chassés de la terre que je leur ai donnée, dit le Seigneur ton Dieu.

Le message n'est pas non plus uniquement celui du sionisme messianique. C'est auprès des Prophètes que l'imagination occidentale s'est imprégnée de l'espoir qu'il y avait de l'espoir : que le lion s'allongera auprès de l'agneau, que les épées seront transformées en charrues. La « King James Version » vibre à cet espoir-là.

La parution de la Bible de 1611 passa inaperçue. D'autres versions, dont la « Bible de Genève », continuèrent à occuper le terrain. Ce n'est que peu à peu, et avec la multiplication des éditions – celle de 1614 contient déjà quelque quatre cents amendements – que l'« Authorized Version » s'imposa. Transportée dans les coins les plus reculés de la terre par les colons et les missionnaires anglophones, rendue disponible sous d'innombrables formats, et de moins en moins onéreuse, elle était devenue, à l'époque de la révision systématique de 1769, le texte des textes. Un texte à lire chez soi et à l'église, à mémoriser, à citer dans tous les contextes possibles et imaginables de la vie privée et publique, à chanter (*via* les Psaumes), puis à traduire dans les langues de la terre de Baffin et du Kalahari.

De nombreuses autres versions suivirent, dont le *New Testament* de Moffatt, en 1913 ; la *Complete Bible : an American Translation* de Goodspeed, en 1938 ; l'influent *Modern English New Testament* de Phillips, en 1958-1972 ; la *New English Bible*, de 1970, interconfessionnelle et collective ; et la *New American Standard Bible*, un an plus tard. Du côté du catholicisme, signalons la traduction de la Vulgate par Ronald Knox, en 1955, et une *New Jerusalem Bible*, trente ans plus tard. Mais on doit à l'honnêteté de dire qu'aucune de ces entreprises n'a retiré à l'« Authorized Version » sa place centrale dans les langues anglaises et les multiples sociétés où l'on parle aujourd'hui l'anglo-américain planétaire. De fait, des historiens de la culture sont enclins à percevoir une étroite corrélation entre la perte de confiance actuelle de l'Angleterre et le relatif déclin de la « King James » et du « Book of Common

Prayer »[1] qui lui est étroitement lié. Les mots de cette Bible sont la langue même « que parlait l'Angleterre », ou qu'elle parle, quand elle était, quand elle est, le plus elle-même.

1. Le rituel de l'Église anglicane.

2.

Qu'en est-il de la langue et des textes que cette magnifique langue de l'époque de Jacques Ier cherche à nous transmettre ?

L'hébreu appartient à la branche cananéenne de la famille des langues sémitiques du Nord-Ouest. Il s'écrit de droite à gauche et consistait, à l'origine, en vingt-deux lettres qui n'indiquaient que les consonnes. La désignation des voyelles par l'ajout de points à ces consonnes intervint beaucoup plus tard. Elle se fit très progressivement entre le Ve et le Xe siècles. Les conventions de vocalisation actuelles sont donc des modes de prononciation qui datent d'environ un millier d'années après l'ère biblique. En dehors de la Bible elle-même, l'hébreu classique de l'Antiquité survit dans un certain nombre d'inscriptions, dont aucune n'est antérieure au Xe siècle avant Jésus-Christ. Le fondement consonantique de toute l'écriture hébraïque – de nombreux mots sont formés à partir d'un radical de trois consonnes – est crucial. Cela permet, rend en fait inévitables une pluralité polysémique et une richesse de lectures possibles qui n'ont probablement pas d'égales dans aucune autre langue écrite. Avec des vocalisations différentes, le même groupe consonantique se prête à des interprétations très différentes. L'omission de marqueurs vocaliques engendre une multitude inhérente de sens, de calembours et de jeux de mots implicites au sein d'une même unité consonantique. Un mot biblique est pour ainsi dire animé d'une aura de significations et d'échos concentriques.

L'hébreu ne possède que deux « temps » verbaux – mais ce mot « temps » est en soi une désignation trompeuse. Les actions sont soit finies (« parfaites »), soit inachevées (« imparfaites »). Les modes simple, passif, réfléchi, intensif et causatif sont rendus par différentes formes verbales. Là encore, cette singularité syntaxique est grosse de conséquences herméneutiques. L'« univers temporel », les notations de la temporalité dans le récit vétérotestamentaire se traduisent malaisément dans le paradigme « passé/présent/futur » de l'anglais et des autres langues européennes modernes. Ce simple fait rend presque inaccessible la dynamique interne de la prophétie et de la mémoire hébraïques. La prophétie ne porte en aucune façon sur le futur, comme c'est le cas, par exemple, dans les oracles grecs et la prédiction hellénico-chrétienne. La temporalité des déclarations de Dieu à travers ses prophètes est intemporelle. En un sens, le prédit a déjà été accompli, parce que la parole divine l'a rendu « parfait ». En un autre, il est éternel présent. C'est le « maintenant » qui s'embrase du courroux ou de la bénédiction de Dieu. En un troisième sens, tout à fait intraduisible, la prophétie touche aussi à l'« imparfait », à ce qui est encore inaccompli et reste donc révocable (Jonas tourne autour du paradoxe grammatical d'une « imperfection » logée, pour ainsi dire, dans l'absolu éternel de la détermination et du jugement initiaux de Dieu).

Il est, assurément, des affinités linguistiques entre l'hébreu ancien et des langues voisines comme le phénicien et, sans nul doute, l'ougaritique. Dans les textes bibliques, on repère des éléments d'ougaritique, de cananéen et d'araméen. Toute langue parlée par des hommes et par des femmes possède sa particularité. Il n'en est pas moins juste de dire que la conception traditionnelle de l'hébreu comme langue adamique, c'est-à-dire comme la première des langues humaines, une langue marquée de manière unique par la sémantique de l'usage divin, reflète, quoique sous des dehors mythiques et anthropomorphiques, une intuition compréhensible de « singularité ». L'hébreu de l'Ancien Testament ne ressemble à aucune autre construction verbale, grammaticale et sémantique dont nous ayons une connaissance directe. La Loi qui se trouve en son cœur est, à bien des égards, une « loi tournée vers elle-même ». Dans une proportion beaucoup plus grande et dommageable qu'en aucun autre corpus linguistique, y compris la poésie ou la philosophie la plus lointaine, la plus difficile, les traductions de l'hébreu biblique sont des mélectures *(misreadings).* Même entre les mains d'auditeurs et d'orfèvres de mots géniaux comme Tyndale et Luther.

Un échantillon choisi au hasard suffit à le montrer. N'étant pas hébraïsant, les exemples que je donnerai sont parmi les plus familiers.

Davar peut signifier « chose », « fait », « objet », « événement » aussi bien que des actes de parole : « dire », « commandement », « révélation ». Le mot apparaît pour la première fois dans la Genèse 11, 1, où il est souvent traduit, avec des connotations entièrement trompeuses, par *logos* ou *verbum.* La première occurrence amena des commentateurs midrachiques à supposer que les dix premiers chapitres de la Genèse appartiennent à quelque contexte prédiscursif. Le discours est inaccompli, comme dans les « monologues » d'Adam et Ève. *Vayyomer qayin el hevel ahiv* : « Caïn dit à son frère Abel. » Mais ce qu'il dit *ne nous est pas rapporté*. Noé n'a aucun dialogue avec Dieu. *Davar*, au sens fort de « discours », tourne autour de Babel, et c'est là qu'il avorte. Dorénavant, l'humanité babille en une pléiade de langues « fermées », mutuellement incompréhensibles : *devarim*. Plus généralement, la synthèse entre le mot et l'acte – la déclaration est fondamentalement promulgation, ordonnance – sous-tend une bonne partie de l'Ancien Testament avant de trouver son mode hellénistique et mystique dans le Quatrième Évangile.

Prenez le mot *toldot*. Il désigne la constellation de valeurs sémantiques particulières qui attachent à l'Ancien Testament une conception et une représentation de l'histoire. Étymologiquement, *toldot* indique la « génération », l'« engendrement », le « jaillissement ». L'un des rares Gentils a en avoir saisi les connotations pertinentes est le grand mystique médiéval allemand, Maître Eckhart. Il parle de « lancement dans l'*exode* », de l'« engendrement dans le mouvement destiné » de l'histoire d'Israël. Dans ce *toldot*, Abraham va « devant Dieu » (Genèse 17, 1), comme si Israël, dans quelque mystère d'anticipation, précédait Dieu, Lui préparant la voie dans les chroniques de l'homme.

La consonne *beth*, dans *bereshit* – le tout premier mot de la Genèse, le mot qui commence tout commencement –, signifie aussi « maison » quand il est vocalisé. La Création bâtit une maison pour l'homme. Et comment rendre en traduction l'épisode de Babel ? *Migdal* n'est pas, avant tout, une « tour ». C'est un objet « grand », « excessif », avec la « tête dans les cieux ». Très vraisemblablement, l'inférence originelle est celle d'une idole géante. L'arête de blasphème qui court tout au long du récit tourne, de surcroît, autour de la synonymie entre le verbe « faire » employé pour la construction de la Tour et le terme de « création divine ». Les jeux de mots sont cruciaux, et intraduisibles : la racine hébraïque *balal* signifie « mélanger », « confondre », « disperser ». Mais on peut aussi y lire un autre écho de « Babel » : *nebelah*, qui signifie « destruction » ! Et, de tous les grands traducteurs de « Babel », Luther est le seul à voir que *safah* n'est pas seulement le

« langage » ou le « discours », mais aussi la langue *(einerlei Zunge und Sprache)*.

Arrêtons-nous un instant sur l'un des épisodes les plus chargés du Pentateuque, l'Exode 32-34, qui est repris, avec plus de concision, dans les Nombres 14-15. Le dialogue entre Dieu et Moïse atteint des sommets réellement mystérieux de pathos et de ruse. Le Seigneur a fait serment de détruire son peuple pécheur et récalcitrant. Moïse Le loue si longtemps, et avec tant d'insistance, que Dieu paraît se lasser. Parlant en « face-à-face, comme un homme parle à son ami », Moïse plaide avec force envolées sophistiques : comment Dieu peut-Il éliminer la semence d'Abraham après les promesses faites ? Comment peut-Il réconforter les païens qui tiendront maintenant Sa création, Son élection d'Israël pour une erreur ? Dieu, comme Lui-même le répond, ne saurait pourtant revenir sur Sa résolution déclarée. Moïse ne cesse de prier : *wajechal*. Mais ce même verbe peut aussi être interprété au sens de « libérer, délivrer de ». Moïse délivre Dieu du châtiment qu'Il s'est promis d'infliger ! *Wajechal*. Dieu dit alors *hechaitani bidevarim* : et, une fois encore, la densité des connotations et des dénotations possibles défie la traduction. « À travers tes mots tu m'as animé (?) et “redonné vie” (?). » Dans l’Exode 32, 14, en revanche, l’« Authorized Version » est absolument, c’est-à-dire scandaleusement dans le vrai : *And the Lord repented of the evil which he thought to do unto his people.* « Et le Seigneur se repentit[1] du mal qu’il pensait infliger à son peuple. » Un Dieu pénitent ! Ce qui veut dire que la porte du dialogue, de la persuasion demeure ouverte lors même que, comme dans la parabole de Kafka sur la Loi, nous sommes incapables de percevoir qu’il en va bien ainsi.

Dans la « King James Version », la lamentation de Job maudissant le jour de sa naissance comprend vingt-deux mots. Huit suffisent dans le texte hébreu. L’anglais passe à côté du jeu de mots cardinal sur les racines hébraïques du *let it perish* (« qu’il périsse ») et *I was born* (« je suis né »), ou de la cruelle parodie du Psaume 8 par laquelle Dieu, qui « veille sur l’homme » avec bienveillance *(watcher over man)*, devient maintenant un voyeur indifférent, un simple *man-watcher*, « observateur d’homme ». Les commentateurs rabbiniques y sont allés à leur tour de leurs jeux de mots pour atténuer l’insupportable narration. Ils ne pouvaient supporter ce *lo*

1. C’est aussi la solution retenue par la « Bible Segond » et la « Bible Osty », quand la TOB se contente d’un « renonça ».

achayel : « Je n'ai point d'espoir. » *Lo*, développé en *lamed aleph*, est corrigé en *lo*, *lamed vav* : « Je lui ferai confiance. » L'appel rebelle de Job tourne autour de *sahed*. Ce mot peut définir un « témoin », un « avocat », un « garant », un « porte-parole de ». Dans la pratique juridique hébraïque, il remonte loin. Et quand Job invoque son *goel*, c'est le portrait du « vengeur » dans une vendetta qu'il brosse pour nous. Dieu sera alors connu comme *goel Ysrael*, le « vengeur de/pour Israël ». Comme tout cela est loin du néon christianisé : « Je sais que mon rédempteur vit » *(I know that my redeemer liveth)* ! *Shadday* est le « Dieu [qui n'est] pas là », le *deus absconditus* tel qu'il sera reconnu par les principaux penseurs de l'Ancien Testament dans le christianisme : Pascal, Kierkegaard et Karl Barth. En hébreu, l'issue d'une querelle, l'effet de la condamnation est encore « linguistique ». Il s'exprime à travers la gamme de valeurs contenues dans *saddiq*, le « juste », « celui qui témoigne justement », et *rasa*, le « coupable », « celui qui transgresse », la « partie coupable » (c'est-à-dire Dieu). C'est le silence des Consolateurs qui affirme le verdict.

Comme dans aucune autre tradition exégétique, la perception judaïque de la Bible, *via* la récitation, l'explication et le commentaire, *via* le Talmud et le *midrach*[1], n'exerce pas seulement sa pression sur la phrase, voire sur un seul mot. Elle exhume la syllabe, la racine consonantique, la lettre. L'alphabet hébreu, inscrit, suivant la Kabbale, en caractères de feu blanc sur une surface sombre, était censé enfermer le nom le plus caché du nom de Dieu ainsi que la destinée humaine jusqu'à la fin des temps. Suivant une redoutable parabole, la transcription erronée, sous la dictée de Dieu, d'une seule consonne ouvrit la faille à travers laquelle tout le mal, la souffrance et l'injustice s'engouffrèrent dans l'univers. S'il contient le moindre *erratum*, le rouleau de la Torah doit être détruit. C'est le christianisme néoplatonisé qui distingue la « lettre » et l'« esprit », qui exalte celui-ci et lui accorde un certain détachement vis-à-vis du texte. Le judaïsme biblique ne connaît pas de séparation semblable. Le mot *est* l'esprit. La lettre *est* le sens (chaque *aleph* a en lui quelque chose du souffle de Dieu.) Comme il est proclamé dans les Proverbes 18, 21 : « La mort et la vie sont au pouvoir de la langue. »

Mais la méprise est générale. La notion d'« Ancien Testament » est purement chrétienne. Elle n'existe pas pour les juifs. Dans la

1. « L'étude ».

Bible hébraïque, un caractère sacré s'attache à la Torah, aux Livres de Moïse. Le reste du canon a évolué de manière plus ou moins contingente et ne se fixa, dans un ordre différent de celui de la Bible chrétienne[1], qu'après l'an 100 de notre ère (les références à un concile qui se serait tenu à Jamnia et qui aurait fixé le canon juif sont probablement mythiques). La *Biblia hebraica* se suffit à elle-même. Le Nouveau Testament en est étroitement dépendant. Mais ce n'est en aucune façon l'affaire des juifs.

C'est le christianisme paulinien et johannique qui s'efforce de faire des écritures hébraïques des préfigurations de la venue et du kérygme de Jésus. Les motifs cruciaux et les structures thématiques de la Bible hébraïque sont interprétés comme des annonciations et des prévisions des Évangiles et des Actes des Apôtres. L'arbre fatidique d'Adam et Ève resurgira comme le bois de la Croix. Quand Israël traverse le Jourdain, ce mouvement préfigure le baptême du Nazaréen. Le séjour de Jonas dans le ventre de la baleine est une « bande-annonce » de celui de Jésus dans le tombeau. Le « Serviteur souffrant » d'Ésaïe est une intuition inspirée de l'humiliation et du martyre du

1. *Cf.*, en fin de volume, l'appendice du traducteur.

Christ. Sans négliger aucun point ni aucun détail, la doctrine et l'exégèse chrétiennes s'évertuèrent à ancrer le Nouveau Testament dans l'autorité anticipatrice de l'Ancien. Cette concaténation était absolument vitale pour permettre au christianisme de se présenter comme répondant au dessein de Dieu, accomplissement proclamé et fort de Sa volonté, de la mission de Son fils issu de Bethléem et de la maison de David. (Le Coran est autrement plus scrupuleux dans ses invocations d'Abraham et de Moïse.)

Hérétique inspiré du IIe siècle, Marcion a bien vu les contrevérités paradoxales de cette appropriation du matériau hébreu au service des croyances chrétiennes. Comment, demandait-il, le Yahvé vindicatif, souvent implacable, du Pentateuque et des Prophètes pourrait-il être identifié au Père, avec le Dieu d'amour et de compassion infinis du christianisme ? Comment concilier avec le monothéisme judaïque le mystère fondamental de la Trinité, du Christ homme et Dieu ? Le marcionisme prônait un rejet total de la Bible hébraïque par les chrétiens. Avec Jésus de Nazareth, l'histoire et la condition de l'âme humaine avaient recommencé à neuf. On voyait bien, désormais, les traits sataniques des anciennes lois. L'Église de Rome étouffa l'hérésie marcionite. Mais ses questions tranchantes demeurent. On ne peut qu'imaginer à quel point l'histoire occidentale eût été différente si le christianisme avait rompu avec ce qu'il considérait comme sa validation juive et le refus pervers des juifs d'accepter son message proclamé. De cette prétention et de cette « affinité élective » ambiguë sont nés des souffrances sans fin et le « contre-Golgotha » de l'Holocauste.

Le problème immédiat est, cependant, celui de la traduction. Quand bien même l'érudition linguistique et l'honnêteté abondent, les traducteurs et les rédacteurs de la « King James Version » suivent, consciemment ou non, le présupposé de la préfiguration. À leurs yeux, l'Ancien Testament fait partie intégrante du Nouveau. Ils infléchissent l'hébreu et le grec vers un « sens dans le futur ». Les conséquences peuvent être totalement trompeuses, comme dans ce cas fameux d'une « vierge » portant un enfant messianique où le mot hébreu désigne simplement une « jeune femme » ! Ainsi est-il devenu quasiment impossible pour le lecteur ordinaire de l'« Authorized Version » (ou, en l'occurrence, de tout « Ancien et Nouveau Testament » chrétien) de saisir la nature du texte original. De voir la *Biblia hebraica* dans son autonomie et son étrangeté imposantes. D'y entendre non pas le prélude à la promesse du salut dans et *via* le Fils de Dieu – concept incompréhensible pour le judaïsme –, mais la promesse souvent opaque d'une eschatologie messianique qui ne soit « ni celle des Gentils ni celle des Grecs ». Sur bien des points, le mal-nommé Ancien Testament est aussi différent des usages que la culture et les traductions chrétiennes en ont fait que le désert de Judée l'est des places baroques de Rome ou des flèches de Cantorbéry. L'espace d'un instant, lisons à la lumière aveuglante et silencieuse de ce désert.

3.

Dans nos alphabets occidentaux de reconnaissance, dans nos grammaires du temps, la Genèse est le commencement des commencements. Nous savons ses analogies avec d'autres mythes de la création du Moyen-Orient, dont certains sont sans doute plus anciens. Mais c'est le premier livre de la Bible hébraïque qui a, très largement, déterminé l'avènement religieux, métaphysique, moral, littéraire et artistique de l'Occident. Le fait même est, en un sens, paradoxal. Il n'est guère de texte plus hybride et, en des points cruciaux, plus énigmatique. L'érudition moderne – à commencer par Spinoza voulant savoir comment Moïse avait pu composer un tel récit de sa mort – a déconstruit la Genèse et les livres suivants en quatre ou cinq niveaux d'autorité *(authorship)*. Ainsi distingue-t-on un rédacteur « J », qui emploie le nom de « Jéhovah », qui est enclin à un monothéisme anthropomorphique, qui puise abondamment dans les étymologies et les toponymes. « E » parle de Dieu comme d'« Elohim » et paraît préférer « Jacob » à « Israël » quand il parle du Patriarche. Les spécialistes tiennent « J » et « E » pour les plus anciens des divers « auteurs » du Pentateuque. Le « deutéronomiste », ou « D », est généralement daté entre 722 environ et 621 avant J.-C. Il révise le matériau archaïque de manière à en éliminer les représentations anthropomorphiques de Dieu. Il purgerait les textes anciens de leurs traces polythéistes et hénothéistes (autrement dit des allusions à des divinités rivales ou inférieures en telle ou telle qualité seulement au Dieu d'Israël). « D » semble avoir procédé à une épuration systématique : des traces d'un panthéon hybride n'en survivent pas moins clairement, notamment dans certains Psaumes. Le « rédacteur sacerdotal », ou « S », opère probablement à l'époque cruciale de la révision historique et juridique qui suivit l'exil babylonien des années 586-536. « D » avait insisté sur la place centrale, dans le judaïsme, du Temple de Jérusalem et des rites de purification qui s'y attachent. Dans une ville qui doit, pour ainsi dire, être reconsacrée, « S » est un constitutionnaliste scrupuleux toujours en quête de précédents. Il cherche à rassembler et à rendre cohérentes l'histoire, la légitimité de la communauté renaissante et de ses pratiques rituelles héritées, partiellement opaques. Chose rare dans le judaïsme, « S » tient un peu du théologien. C'est lui, croit-on, qui trouve des termes spécifiques pour les attributs théophaniques et théologiques transcendants de l'acte de création divine. Les premières couches de la Genèse, telles que nous les connaissons aujourd'hui, sont sans doute son ouvrage. Plus récemment, certains exégètes ont ajouté un cinquième auteur, « H ».

Les résultats de cette stratigraphie complexe, mise en évidence par la critique allemande du XIXe siècle, sont visibles. Un même matériau narratif apparaît à deux ou trois reprises. Il est des contradictions manifestes : Exode 24, par exemple, précise par deux fois que Moïse seul aura accès à Dieu et que tous les chefs du peuple seront invités à prendre part à la présence divine. La Genèse 2, 24 initie un autre récit de la Création dont les phrases formulaires, récurrentes dans le premier récit, sont totalement absentes. L'histoire de Joseph, l'apparition de Melchisédech signalent des changements abrupts de langue et de style. Une déclinaison manifestement étrangère des péchés de Judas brise la continuité de la saga de Joseph. La

Genèse 5 est l'un des nombreux chapitres dans lesquels les différentes couches sont imparfaitement raccordées. À certains tournants « symptomatiques », nous distinguons des phrases qui sont très certainement des gloses ultérieures, des essais d'« explication » insérés (par exemple, le « c'est-à-dire Hébron » de la Genèse 23, 2).

Mais ce ne sont pas ces duplications, ces contradictions, ces ruptures ou ces superpositions qui rendent la Torah, et la Genèse en particulier, si inépuisablement déroutante. Ce sont les problèmes théologiques et éthiques soulevés, et soulevés à une profondeur et avec une densité imaginative jamais égalées. C'est précisément, on le conjecture, cette insoluble pression du questionnement qui assura la survie et la transmission de ces « *Ur*-histoires » depuis la fin du IIIe millénaire jusqu'à leur rédaction initiale dans le royaume uni de David et de Salomon. Ces appels et provocations narratifs n'ont jamais relâché leur emprise sur l'esprit et la conscience des hommes.

Si poussée, si ingénieuse soit-elle, la critique textuelle ne saurait apporter de réponse satisfaisante à la question de la préférence que manifeste Dieu pour Abel, plutôt que pour Caïn, à Son manque de « respect » (suivant la troublante traduction de l'« Authorized Version ») pour l'offrande que lui fit Caïn des fruits de la terre – assurément un sacrifice plus doux, moins destructeur que les « premiers-nés du troupeau » offerts par Abel ! Quel abîme possible de préférence immotivée, d'injustice de l'amour divin, engendre ce premier acte homicide et fratricide dans lequel est figurée toute la noirceur de l'histoire future ?

Les interprètes, les allégoristes, les exégètes religieux et moraux ont médité sur la Tour de Babel. Comme bien souvent, la concision du récit biblique est inversement proportionnelle à la grouillante prodigalité des opinions secondaires. Quelle est, précisément, la nature de la transgression qu'implique l'édification de la Tour ? En quoi le monolinguisme comporte-t-il une offense ou une menace pour Yahvé (le sens commun suggérant le contraire)? Et pourquoi le polyglottisme, auquel l'expérience historique et intellectuelle de l'humanité doit sa richesse créatrice, devrait-il être considéré comme un châtiment ? Dans les intentions de Dieu envers l'humanité, quelles ambiguïtés, quels mystères sous-tendent le sort scandaleux d'Ésaü ou les fécondes astuces et fourberies à la Ulysse de Jacob ? Pour ce qui est du chapitre 22 de la Genèse, comment l'entendement moral, à l'échelle humaine, fût-il aussi formidablement pénétrant que celui d'un Maïmonide, d'un Kant ou d'un Kierkegaard, peut-il s'accommoder de l'*Aquedah*, de l'histoire du sacrifice d'Isaac ? Seul un mauvais démon peut demander à un père de sacrifier son fils unique, dit Kant. Seul le vrai Dieu, le tout-puissant, peut demander à un père de sacrifier son fils unique, répond Kierkegaard. Comment Abraham a-t-il pu « pardonner » à Dieu les trois jours de souffrance indicible du voyage qui le conduisit au mont Moriyya ? Comment Isaac put-il supporter son père après l'offrande avortée ? Depuis l'Holocauste, la pensée juive a plus que jamais tourné autour de ce chapitre de la Genèse comme autour d'un vide insupportable mais ardent.

L'Exode assure la montée en puissance *(empowers)* d'Israël. La « longue marche » sinueuse d'un peuple asservi vers une terre promise de liberté et d'identité nationale a donné à l'histoire et aux doctrines politiques de l'Occident leur archétype. La sortie d'Égypte, *via* le désert, en direction d'une terre « de lait et de miel » encore à dominer, est aussi paradigmatique pour les Pères Pèlerins en route vers le Nouveau Monde que pour le programme marxiste d'émancipation prolétarienne ; il est aussi central pour les rêves et l'idiome de l'esclave noir que pour l'utopisme politique, des millénaristes du Moyen Âge jusqu'au sionisme. Où elle connaît l'espoir, notre histoire n'a pas fini de s'acheminer péniblement vers la terre de Canaan. Moïse, de surcroît, incarne le judaïsme à son sommet (ainsi que l'a observé Freud, avec une pointe de jalousie). Son génie de la vision enragée, ses dialogues directs avec Dieu, les mutineries qu'il doit souffrir de son propre peuple, les transgressions momentanées qui empêchent son entrée dans la terre promise cristallisent toute la condition historique, psychologique et morale du juif jusqu'à aujourd'hui. C'est dans la vie de Moïse que le judaïsme trouve un miroir lourd de reproches et la lointaine lumière d'une finalité terrassante. C'est en Moïse que le paradoxe vertigineux du choix par Dieu de ce peuple-ci, et de ce peuple seulement, pour lui prodiguer Son attention spéciale et terrifiante, revêt sa dialectique de souffrance altière.

La preuve historique, s'il en est, demeure quasiment impalpable. On ne sait rien de solide des origines ethniques du peuple qui devait émerger sous le nom d'« Israélites ». Leur apparition dans le Néguev, en Transjordanie ou dans les collines centrales de Judée semble être intervenue à la fin du XIIIe et au début du XIIe siècle. Que leur émigration ait eu lieu sous le règne de

Ramsès II n'est pas sûr. La route indiquée dans les livres de Moïse est presque invraisemblable. Les chercheurs sont loin d'être d'accord sur l'emplacement du mont Sinaï. D'aucuns contesteraient à l'« Exode » tout caractère historique. Cette conjecture est, à son tour, peu plausible. Le noyau de souvenir au cœur du récit est, pour ainsi dire, « radioactif » et recèle une énergie inextinguible. Ses pulsations se devinent au toucher. De même en va-t-il de la *persona* de Moïse, personnage humain, plus qu'humain, psychologiquement complexe, éloquent dans ses bredouillements, bref tel qu'aucun conteur ou rédacteur ultérieur n'aurait pu l'inventer de toutes pièces. Il a fallu un Michel-Ange pour approcher quelque peu d'une image crédible.

Ce qui déroute le lecteur moderne de l'Exode, du Lévitique, des Nombres et du Deutéronome est la disparité des matériaux. Le chaudron bouillonne de mythes, de légendes, de contes populaires, de lointains fils de rappel historique et d'une véritable masse de prescriptions rituelles et législatives. La Torah contient quelques-uns des épisodes les plus primitifs et anthropomorphiques de toute littérature sacrée. Ainsi, par exemple, de l'assaut meurtrier de Yahvé contre Moïse dans l'Exode 4, 24-26 (l'érudition délicate y soupçonne quelques obscurs linéaments des origines de la circoncision). Ou encore, dans l'Exode 33, 21-23, impénétrable dans sa résonance archaïque, la permission que donne Dieu à Moïse de voir ses *back parts*, comme disent les traducteurs de la « King James Version », ses « parties arrières[1] ». Certains récits décisifs, aux conséquences sans fin, de la littérature mondiale – la traversée de la mer Rouge, l'adoration du Veau d'or, l'opposition à la volonté et à la mission de Balaam – alternent avec des chapitres sinistrement « terre à terre », « pédestres » (l'interminable marche à travers les pierres et le sable). Plus troublantes encore sont les juxtapositions de sauvagerie archaïque, comme le châtiment et le massacre des mutins, notamment dans les Nombres 25, et de déclarations ou d'exposés éthiques d'une abstraction et d'une exigence absolument inégalées. (Le Sermon sur la montagne sera, pour une large part, une série de citations du message des Dix Commandements et de la Loi mosaïque.) Pour le lecteur non juif, pour le juif moderne qui n'est pas observant, ou qui ne l'est que de manière sélective, les interminables minuties vestimentaires, diététiques et litur-

1. « De dos », indiquent avec une étrange pudeur la plupart des traductions modernes...

giques des prescriptions du Lévitique et du Deutéronome confinent à l'illisible. Il en va de même des prolixes projets de construction et de décoration du tabernacle (il semble que Ruskin ait connu par cœur ces coudées et ce térébinthe). Pourtant, ce sont précisément ces longs codes farouchement pointilleux régissant la conduite, la sexualité, l'occupation de la terre et la prière qui ont assuré la survie miraculeuse des juifs et du judaïsme. Lors même que la croyance religieuse défaille ou demeure conventionnellement indistincte, l'observance de ces pratiques rituelles, diététiques et familiales, très souvent dans un concert de moqueries, de pérégrinations forcées et de massacres, a préservé et transmis, d'une génération traquée à l'autre, une identité, un contrat avec la survie. Animés d'une passion folle, mais dont la vie ressort grandie, on a surpris des savants rabbiniques, à deux pas des chambres à gaz et des crématoires, en train de débattre des multiples sens – littéral, allégorique et topologique – des injonctions sacrificielles relatives au *caul that is above the liver*, à la « coiffe qui est au-dessus du foie », de l'Exode 29, 13[1].

1. Voir aussi Lévitique 7, 4. La plupart des traductions françaises se contentent d'indiquer « lobe du foie ».

Cependant, malgré sa texture hybride et sa voix brisée, le Pentateuque se déploie en une seule immensité. C'est celle de l'Exode 3, 14 : JE SUIS CE QUE JE SUIS. La tautologie, parfaitement intraduisible (JE SUIS CE QUE JE SUIS ou, peut-être, simplement JE SUIS/JE SUIS), du Buisson ardent. C'est dans ces mots que le monothéisme d'Israël et de l'Islam s'enracine et trouve son fondement. Comme l'a noté Maître Eckhart, la singularité engourdissante de cette proposition, notre incapacité à la traduire, *a fortiori* à la saisir pleinement, indique un « exil de la langue dans la langue elle-même ». L'auto-identification de Dieu, les commandements qui en découlent imposent la fuite hors d'Égypte et ce voyage tortueux. Le langage aussi est en situation de « transit ». Le mot et le sens ne redeviendront un, comme dans l'Éden, qu'à l'heure messianique.

Josué et les Juges contractent une série d'événements historiques désormais indéchiffrables. En l'état, ces épilogues aux livres de Moïse ont été probablement rassemblés par les rédacteurs afin de prouver le triomphe du yahvisme et des droits divins d'Israël sur la terre promise. Josué, de mon point de vue, est le texte le moins engageant du canon. Il se complaît à l'évidence à rapporter les manifestations d'arrogance et de cruauté tribales. Il déborde de malédictions et de triomphalisme (la lapidation d'Akân, la prise de Aï, l'asservissement des Gabaonites et d'autres peuples conquis). Le livre des Juges contient deux des récits les plus saisissants de l'Ancien Testament. Celui de la fille de Jephté – elle n'a même pas le privilège d'un nom propre ! – indique que la pratique du sacrifice humain s'est peut-être prolongée, par accès, bien après le sauvetage d'Isaac. La *figura* de la jeune femme se lamentant sur les montagnes n'a jamais perdu son charme. Pas plus que l'histoire – en soi, un roman d'une brillante concision – de Samson et Dalila. Comme la poésie, la peinture et la musique occidentales seraient plus pauvres sans eux ! Sur quelle base justifier l'inclusion de cette miniature exquise qu'est le livre de Ruth ? Pour donner une généalogie de David ? Illustrer la sainteté du mariage avec le membre d'une race étrangère ? Ce récit poignant est-il destiné à illustrer le commandement enjoignant à un homme de prendre pour épouse la veuve d'un parent si elle est encore sans enfant ?

Samuel 1 et 2, les deux livres des Rois, les deux livres des Chroniques, suivies par Esdras et Néhémie, sont « historiques » au sens propre, quoique souvent invérifiable[1]. Ils entendent relater l'histoire du peuple de Juda depuis Adam jusqu'à la deuxième visite de Néhémie à Jérusalem en 432 avant J.-C. On y retrouve des matériaux antérieurs ou des variantes (les Chroniques sont largement des variations sur Samuel et sur les Rois). S'il est, à travers l'ensemble de ces récits historiques, un leitmotiv, c'est celui de la mise en garde : maintes et maintes fois les compositeurs et rédacteurs organisent leur matériau de manière à illustrer et à faire ressortir les inévitables symétries entre le retour d'Israël à l'idolâtrie et aux dieux étrangers, d'un côté, le châtiment de Yahvé qui s'ensuit, de l'autre. Un thème lié est celui de la primauté du temple de Jérusalem, de l'instauration de Jérusalem comme centre royal et rituel de la foi juive.

Le récit de Samuel et de Saül, l'entrelacement tragique de leurs destins, la figure de Saül lui-même comptent au nombre des maîtres textes de toute la psychologie dramatique. Dire que la « biographie » de David, depuis l'épisode de Goliath et la lamentation sur Jonathan (qu'aucune poésie n'a égalée) jusqu'au mas-

1. G. Steiner suit ici l'ordre canonique chrétien, plutôt que celui de la « Bible hébraïque ».

sacre d'Absalom et à la mort du roi lui-même, ne saurait se comparer à aucune autre « étude de vie » de l'Antiquité ni, peut-être, d'après tient du cliché. Avant l'énigme de la mort de Guillaume II le Roux dans la New Forest, y a-t-il extinction royale aussi lapidaire que celle d'Absalom dans le second livre de Samuel 18, 14 ? Ou meilleur exemple de traduction aussi élégante, aussi tendue ?

> *Then said Joab, I may not tarry thus with thee. And he took three darts in his hand, and thrust them through the heart of Absalom, while he was yet alive in the midst of the oak.*

> Alors Joab dit : je ne puis m'attarder ainsi avec toi. Et il prit trois dards en main, et les enfonça dans le cœur d'Absalom, tandis qu'il était encore en vie au milieu du chêne.

Y a-t-il tableau d'engouement érotique, d'injustice et de châtiment plus incisif que celui de David et Bethsabée dans le deuxième livre de Samuel ? Aucune technique de romancier n'a rendue obsolète la calme fatalité de son commencement au chapitre 11 :

> *And it came to pass in an eveningtide, that David rose from off his bed, and walked upon the*

roof of the king's house : and from the roof he saw a woman washing herself; and the woman was very beautiful to look upon.

Et il advint un soir que David se leva de sa couche et se promena sur le toit de la maison du roi : et du toit il vit une femme à sa toilette ; et la femme était très belle à voir.

La part de suggestion est aussi pressante et vive qu'efficace dans sa sobriété. On sent la chaleur du jour, le roi assoupi. Sur ces toits et dans ces patios de Jérusalem règne, à la tombée du jour, une froideur magique. Bethsabée se livre à des ablutions rituelles. Elle est maintenant prête à concevoir. Chaque notation a sa fin.

Comme dans l'histoire d'Akhab, dans le premier livre des Rois. Une fois encore, nous sommes entraînés dans un processus de raccourci dramatique et d'implications psychologiques témoignant d'un génie littéraire évident. On imagine mal Macbeth et Lady Macbeth s'il n'y avait eu Akhab et Jézabel avant eux :

And Jezebel his wife said unto him, Dost thou now govern the kingdom of Israel ? Arise, and eat bread, and let thine heart be merry ; I will give thee the vineyard of Naboth…

> Et Jézabel, sa femme, lui dit : ne gouvernes-tu pas maintenant le royaume d'Israël ? Lève-toi et mange du pain, que ton cœur se réjouisse ; je te donnerai la vigne de Naboth[1]...

Mais le sang appelle le sang. Akhab meurt dans la bataille « au soir : et le sang jaillit de la blessure au milieu du char » *(at even : and the blood ran out of the wound into the midst of the chariot)*. L'hébreu est ici plus expressif et parle du « sein » du char. Quant à Jézabel, les chiens vont laper son sang. Salomon, Élie, Sennachérib : les protagonistes sont plus vrais que nature. Mais non moins mémorables sont les acteurs mineurs, parfois apparemment éphémères ; la vieille sorcière d'Ein-Dor, Amnon, l'infortunée Tamar ou les enfants qui raillent Élie.

L'un des tout derniers livres de la Bible hébraïque, Esther, n'entre dans le canon qu'au concile de Carthage, en 397 après J.-C. Peut-être fut-il composé, à l'origine, afin d'expliquer la fête annuelle de Pourim. Quelle que soit sa source, Esther compte parmi les assez rares contes de fée qui aient un dénouement heureux dans les Écritures juives. Mais pourrait-il y avoir

1. 1 Rois 21, 7.

une fin plus heureuse que celle du livre de Job ? Dieu ne remplace-t-il pas les enfants massacrés de Job par sept nouveaux fils et trois nouvelles filles ? La « fin dernière » de Job n'est-elle pas bénie et rendue prospère bien au-delà de « son commencement » ?

Invité (absurdement ?) à choisir *le* document ou « acte de discours » dans lequel l'imagination humaine, le questionnement par l'homme de sa propre condition, les usages humains du discours intellectuel et moral mais aussi de la métaphore atteignent leur sommet, on citerait Job. Il n'a pas de véritable équivalent dans la littérature mondiale. Il trône au-dessus du langage comme au-dessus du *commonwealth* (en son double sens étymologique et composé[1]) de notre entendement. Les dimensions de Job sont pourtant inversement proportionnelles à notre connaissance des origines, des dates ou des éléments philologiques de l'ouvrage. Les spécialistes situent aujourd'hui sa composition entre le VIIe et le IIe siècle avant notre ère. La toute première référence à Job, dans Ézéchiel[2],

1. *Commonwealth* signifie, littéralement, richesse ou patrimoine commun, mais c'est aussi l'appellation classique de la République.

2. Ézéchiel 14, 14-20.

peut renvoyer non pas à notre texte, mais à la personne héroïque de Job dans ce qui était, très certainement, un récit fort ancien d'épreuves et de récompense. Il semblerait que le pays de Job, tel qu'il est décrit dans la Bible, soit l'Arabie du Nord, ou Édom. On ne sait pas très bien si Job est israélite (il ne connaît pas le nom de Yahvé). Quant à son langage, il se distingue par un certain nombre de traits nord-sémitiques, plutôt qu'hébraïques. Les exégètes ne parviennent pas à s'entendre pour dire si le prologue et l'épilogue qui encadrent le récit, avec leurs réparations consolatrices, sont un ajout ultérieur au récit « primitif » avec ses souffrances et son inhumanité eschatologique. L'actuelle séquence de discours des chapitres 21 à 31 est contestée. Élihou n'est évoqué ni au début ni à la fin. Figurait-il dans les versions originales ou initiales ? Toutes ces perplexités de doctes ne semblent plus avoir la moindre importance dès que nous pénétrons, au mieux de nos capacités limitées, dans les grandes vagues du livre, sitôt que nous nous mettons spirituellement à nu, que la terreur nous saisit au plus profond face au choc de ces voix impérieuses.

Il est trois cycles de dialogue entre Job et ses prétendus consolateurs. Des dialogues qui naissent, comme on devait le voir dans les camps de la mort de notre siècle, de degrés de souffrance, d'humiliation et de désolation irrationnelle qui passent l'entendement. Dès le troisième chapitre, Job, en un sens, prend l'initiative, devient le sens de sa douleur :

> *Let the stars of the twilight thereof be dark ; let it look for light, but have none ; neither let it see the dawning of the day: Because it shut not up the doors of my mother's womb [...]. Why died I not from the womb ? Why did I not give up the ghost when I came out of the belly ?*

> Que s'enténèbrent les étoiles du crépuscule ; qu'elle [la nuit] attende la lumière et n'en ait aucune ; qu'elle ne voie non plus la naissance du jour, car elle n'a pas fermé les portes du ventre de ma mère [...]. Que ne suis-je mort dès le sein ? Que n'ai-je rendu l'âme quand je suis sorti du ventre[1] ?

Il se peut que la vie, telle que nous la connaissons, ne se soit jamais pleinement remise de la malédiction de Job. Mais dans cette malédiction persiste une voix inextinguible. Et c'est une voix qui proclame à la fois son innocence et le soupçon, à peine pensable,

1. Job 3, 9-11.

qu'il y a quelque mystérieuse culpabilité dans le fait même d'exister, que l'homme n'a de place licite dans aucun ordre humain, ni inhumain.

Forcé par la vérité de Job, le Tout-Puissant fulmine, sans, fameusement, lui apporter aucune espèce de réponse. Quel rapport le chant des étoiles au matin, les trésors de la neige, le service de la licorne[1] *(unicorn)*, le Léviathan tiré avec un crochet ont-ils avec les tourments immérités de Job, avec la méchanceté gratuite qui s'abat sur la tête de l'innocent[2] ? Absolument aucun. À un défi moral, Dieu apporte une réponse *esthétique* et, dans une grande envolée rhétorique, fait étalage de Sa magnificence créatrice. Est-ce l'auteur du livre de Job qui ironise ? Suggère-t-il que le simple fait d'exister – pourquoi le monde existe-t-il quand il pourrait ne rien y avoir ? – est par-delà le bien et le mal, que la merveille insondable de l'être rend, d'une manière ou d'une autre, l'injustice insignifiante ou éphémère ? C'est une leçon qui semble par trop nietzschéenne. À chaque lecture, les profondeurs véhémentes, les aspects péremptoires de ce

1. Qui devient âne ou bison dans les traductions plus modernes.

2. Job 39-41.

texte se rouvrent en un déchaînement de lumière. Les spécialistes nous rappellent que l'original hébreu défie toute traduction dans une autre langue. Quand bien même ce serait le cas, les traducteurs de l'époque de Jacques Ier se surpassent. Ils nous font sans nul doute comprendre à quel point il est effrayant d'être malmené par l'infini.

Sur un plan moins métaphysique, les Psaumes poursuivent le dialogue avec Yahvé noué dans le livre de Job [1]. Le mot grec *psalmoi* désigne la musique instrumentale et des mots mis en musique. Mais nous ne savons rien de l'accompagnement musical éventuel de ces 151 « poèmes ». Pas plus que nous ne pouvons dire s'il y a une part de vérité historique dans leur attribution au roi David (dans certains cas, sans doute est-ce exact). Tels que nous les connaissons, les Psaumes seraient apparemment une compilation de mains et de dates diverses à partir d'un hymnaire du Second Temple (vers 521 avant J.-C.) Nous avons des hymnes égyptiens comparables à Amon-Rê, le Dieu soleil, qui remontent à 1450 avant notre ère environ.

1. Toujours suivant l'ordre de l'« Authorized Version ». Dans la Bible hébraïque, comme dans la TOB, les Psaumes précèdent le livre de Job.

Mais certains poèmes de notre recueil ont pu être ajoutés peu de temps avant la fin du IIe siècle avant J.-C. La diversité des matériaux est considérable. Le Psaume 45 est un chant d'amour héroïque ; le 68 est une ode processionnelle, tandis que le 104 chante la nature. D'une manière générale, l'érudition moderne distingue les hymnes de louanges, les prières d'action de grâce après qu'on a été délivré de l'affliction ou du danger, les lamentations ou même, comme dans le Psaume 88, des chants de désespoir qui ne sont pas sans rappeler Job, des psaumes liturgiques peut-être attachés à certains rites et jours de fête et, quoique de manière indistincte, des « textes de sagesse » traitant de problèmes plus abstraits (par exemple, les Psaumes 34, 49, 73). Les exégètes parlent d'une congruence unique des thèmes théologiques et anthropologiques. Dans aucun autre livre de l'Ancien Testament des voix nationales et éminemment individuelles ne sont audibles de manière aussi poignante. Exultations et confession, introspection lugubre et jubilation, effroi et intimité à l'égard de Dieu alternent ou s'enchaînent en contrepoint, parfois à l'intérieur du même psaume. Nulle part ailleurs les parallélismes, le mélange de prose et de vers et la prodigalité métrique ne sont plus accomplis. Mais ce qui demeure crucial, c'est le commerce de l'âme et du discours humains avec Dieu, cette « conversation » passionnée qui définit le judaïsme, et où la Réforme, et le protestantisme anglo-américain en particulier, puisera son âme. « Je chanterai le Seigneur[1] » *(I will sing unto the Lord)*: dans le judaïsme et le christianisme, ce mouvement de la voix et de l'esprit a été celui de la foi au-delà de toute appartenance confessionnelle. Et, une fois encore, les savants traducteurs de l'époque de Jacques Ier ont atteint avec une domesticité extrême la fusion singulière de la « plus sublime des compositions humaines » (Gladstone): « Que les saints se réjouissent dans la gloire : qu'ils chantent sur leur couche[2] » *(Let the saints be joyful in glory : let them sing aloud upon their beds)*.

Les Proverbes relèvent encore du « collage ». Composés de morceaux didactiques, de pièces gnomiques et de « sentences », ils représentent sans doute une sorte de « guide de conversation » pour le judaïsme d'après l'exil. Nous en connaissons des analogues égyptiens et mésopotamiens. Les maximes éthiques se mêlent à

1. *Cf.* Psaumes 13, 6 et 104, 33.
2. Psaumes 149, 5.

des réflexions religieuses et à un éloge général de la sagesse. Quoique probablement composé au Vᵉ siècle avant J.-C., sinon plus tard, le livre des Proverbes contient des matériaux très antérieurs, pour certains peut-être plus anciens que la monarchie. Les recherches récentes soulignent les origines et la provenance orales « évidentes » de certaines de ces maximes. Malgré son apparente hétérogénéité, ce livre trouve sa cohérence dans son effet. Son idéal implicite et explicite est celui de l'humanisme religieux, de l'intégrité morale et intellectuelle des hommes et des femmes dans leur quête de connaissance du Dieu unique. L'humanité s'égare dans l'erreur et l'orgueil, mais la gouverne divine n'est jamais bien loin :

> *In the light of the king's countenance is life ; and his favour is as a cloud of the latter rain.*
>
> Dans le visage lumineux du roi se trouve la vie ; et sa faveur est comme un nuage de pluie d'arrière-saison[1].

Peut-être y a-t-il un écho de Job dans cette phrase obsédante. La critique de la richesse, qui

---

1. Proverbes 16, 15.

se fera flamboyante chez les Prophètes, est déjà drastique. L'or n'est que poussière en comparaison de la sagesse et de la droiture :

> *The rich ruleth over the poor, and the borrower is servant to the lender.*
>
> Le riche domine les pauvres, et l'emprunteur est le serviteur du prêteur[1].

> *The poor useth intreaties; but the rich answereth roughly.*
>
> Le pauvre supplie, mais le riche répond durement[2].

On ne peut plus fascinante est l'insistance sur la puissance ambiguë des mots. J'ai déjà cité l'affirmation suivant laquelle « la mort et la vie sont au pouvoir de la langue[3] ». Cette intuition a un caractère pressant tout au long des Proverbes. Le langage peut lier et détruire, maudire et bénir, dire vrai et faux. « Répondre à un insensé suivant sa folie[4] », c'est en devenir un. Parler haineusement (avec un « cœur

1. Proverbes 22, 7.
2. Proverbes 18, 23.
3. Proverbes 18, 21.
4. Proverbes 26, 5.

ardent »), c'est recouvrir un tesson de « scories d'argent[1] ». Souvent, le silence est préférable. Dans le monde antique, Eschyle est peut-être le seul qui ait eu une conscience aussi aiguë du double tranchant de toute énonciation.

Pour parler vulgairement, l'Ecclésiaste (le Qohéleth) est notre joker. Une fois encore, la pression de la présence éprouvée dans ce traité est sans rapport avec notre connaissance de sa date ou de sa composition. Le IIIe siècle avant J.-C. paraît une date plausible. Certains commentateurs identifient jusqu'à quatre mains différentes. D'autres, plus réceptifs au ton et aux « empreintes digitales » d'une sensibilité unique, optent pour un seul auteur (peut-être amendé ensuite par un rédacteur orthodoxe). L'insertion du Qohéleth dans le canon hébraïque demeure aussi problématique que le texte lui-même. C'est peut-être le seul cas, dans l'Ancien Testament, où l'on puisse raisonnablement envisager un contact avec la pensée philosophique grecque, avec celle des sceptiques et des cyniques. La dialectique extérieure est assez claire : le « tout est vanité » de l'existence, des ambitions et des possessions mondaines, bref des critères de désirabilité, est affirmé contre la

1. Proverbes 26, 23.

santé morale, la *pietas* d'une vie intérieure personnelle, indépendante jusqu'au scrupule. Mais ce message d'*humilitas* avisée est sapé par une vive appréhension de la mort et par des doutes déconstructeurs quant à la réalité d'une quelconque justice finale. La seule stratégie rationnelle reste celle d'une vie personnelle dans les limites de la prudence ironique, d'un espoir contenu au sein d'un cadre quelque peu sardonique. Vraisemblablement Élohim est-il tout-puissant et bienveillant. Mais il demeure foncièrement hors de portée de l'intelligence humaine. Une courtoisie lugubre préside à la rupture du dialogue qui se trouve au cœur du judaïsme. Sur le plan stylistique, par la précision de ses images et de ses nuances psychologiques, l'Ecclésiaste n'est souvent pas loin du sommet de Job. La construction anaphorique du chapitre 3 – « Un temps pour naître, un temps pour mourir » –, le thème du « rien de nouveau sous le soleil » et ses variations, l'abaissement des « filles de la musique [1] », l'image des sauterelles qui « seront un fardeau [2] » quand le désir défaille sont autant de pivots de la sensibilité et de l'expression autour desquels ont tourné la

1. Qohéleth 12, 4.
2. Qohéleth 12, 5.

littérature et la discussion morale en Occident. (Hemingway et Auden comptent parmi ceux qui ont étudié de près cette énigmatique source de tristesse.)

Le Cantique des Cantiques [1] fait alors figure de réfutation extatique du Qohéleth [2]. Formé d'éléments oraux archaïques, peut-être influencée par la poésie amoureuse et érotique égyptienne, notre version pourrait dater des années 450-400. Intégrée dans le canon après la destruction du Second Temple, en 70 après J.-C., cette cantate d'amour et de désir, que Goethe tenait pour la plus belle du genre dans la littérature mondiale, devint l'un des cinq *Megillot*, ou rouleaux sacrés, lus à l'occasion des grandes fêtes. Son exubérante beauté agrémente les derniers jours de la Pâque. « Fuis, mon bien-aimé ! Sois semblable à la gazelle ou au faon des biches, sur les montagnes des aromates [3] ! » La sexualité déborde. Sage entre les sages, le rabbi Akiva n'en déclara pas moins

1. Ou « Chant de Salomon » *(Salomon's Song)*, comme dit la « King James Version ».

2. Dans la Bible hébraïque comme dans la TOB, le Cantique des Cantiques précède le Qohéleth, tandis que l'« Authorized Version » a retenu l'ordre inverse, que suit ici G. Steiner dans son commentaire.

3. Traduction L. Segond.

que le « monde entier ne vaut pas le jour où fut donné le Cantique ».

La pronostication, la divination, la prédiction et les oracles sont endémiques chez l'homme et dans la société. C'est le domaine d'élection des emplois du temps futur. Une promesse ou une menace sont des figures de la prophétie, des inférences tirées de suppositions ou d'intuitions du futur. L'espoir et la peur, l'attente et la menace sont par essence prophétiques. Les instruments de prévision vont des feuilles de thé à l'astrologie, de la géomancie ou de la lecture des lignes de la main à la prévision du temps ainsi qu'à la programmation et aux projections statistiques qui sont aujourd'hui d'une importance fondamentale pour nos entreprises sociales et économiques. C'est uniquement dans l'*Enfer* de Dante que le temps s'arrête, qu'un présent insupportable est éternel. Bien que la prophétie soit universelle, les *Neviim*, ou Prophètes, n'en constituent pas moins un phénomène unique.

J'ai déjà évoqué l'« intemporalité » des temps verbaux en hébreu, le statut grammatical du futur au sein du présent. Quelle que soit leur allusion à un accomplissement encore à venir, les jugements de Dieu sont déjà accomplis dans l'instant même de leur énonciation, et ils le sont de toute éternité. Ce n'est donc pas la nature oraculaire ou clairvoyante qui importe le plus (hormis dans certains exemples « locaux » comme celui de Jonas). C'est la réitération, à travers des lèvres humaines, de la volonté et du dessein éternels de Dieu, de Son investissement dans l'humanité. Les livres prophétiques de l'Ancien Testament portent à un apogée d'exigence et d'intimité éthiques le dialogue entre Dieu et le juif, entre l'éternité et le temps tel que l'homme en fait l'expérience dans sa vie et dans l'histoire. De Samuel à Malachie, l'ancien Israël voit surgir des esprits humains immédiatement informés, contraints par le souffle du Tout-Puissant, des moralistes visionnaires, des veilleurs de nuit, des hommes réclamant à hauts cris la justice sociale, et dont les messages dépassent totalement le judaïsme. Ces universalistes profondément ancrés localement tiennent à la fois de Cassandre et de Socrate. Inévitablement, ils entrent en conflit – un conflit qui peut s'achever par une mort cruelle – avec une royauté coupable ou le légalisme sclérosé et les hypocrisies de l'*establishment* clérical. Les Prophètes sont des *outsiders*, des marginaux qui se trouvent au centre, des taons affolés qui en appellent à une compassion raisonnée, à l'intégrité publique, aux vérités d'une responsabilité personnelle envers Dieu au sein d'un ordre social éternellement corrompu dans sa vie politique, dans sa justice, dans l'onction purement extérieure de sa religiosité. Avec le moment socratique, avec certaines prescriptions bouddhiques de pureté, ces textes prophétiques, si divers et historiquement complexes soient-ils, nous ont donné nos pierres de touche de la possibilité morale. Souvent détestés en leur temps, les Prophètes d'Israël continuent d'exaspérer le long sommeil de la conscience humaine (qui, suivant le mot de Hitler, n'était « rien d'autre qu'une invention juive »). C'est des Prophètes que sont nées deux grandes hérésies du judaïsme : le christianisme et le socialisme ou communisme utopique. Comme il sied à une *ecclesia* bureaucratique et politiquement engagée, le catholicisme romain rejoindra le parti des rois et des prêtres. Depuis les anarchistes millénaristes et les esprits libres du Moyen Âge jusqu'à Cromwell et Marx, les « protestants » seront du côté des Prophètes et de leurs impératifs messianiques.

Ésaïe serait apparemment une figure du VIIIe siècle installée à Jérusalem. De nos jours, la plupart des spécialistes voient dans les chapitres 40 à 66 un ajout anonyme au noyau d'origine. Dans ce « Second Ésaïe », on a souvent reconnu la voix la plus puissante, la plus touchante, de l'expérience occidentale, universelle en vérité. Poète et penseur suprême de l'exil, ou légèrement postérieur, il entend rendre espoir à son peuple brisé. C'est sur l'« homme de douleurs », sur le « serviteur souffrant » du Deutéro-Ésaïe – figurations profondément enracinées dans la destinée juive – que les compositeurs des Évangiles et du christianisme paulinien fonderont leur foi. C'est vers la « Nouvelle Jérusalem » du « Second Ésaïe » que Bunyan et Martin Luther King dirigeront leurs pas. C'est la promesse de la paix universelle, du lion allongé à côté de l'agneau, qui continue à justifier nos espoirs usés et à se jouer d'eux. C'est, avec un mystère approprié, l'espoir que les « fils de l'étranger rebâtiront tes murailles[1] », car c'est la notion même d'« étranger » qui pâlira dans la lumière matinale de la concorde et de l'universalité humaines. Aussi longtemps que l'humanité vivra de la logique irrationnelle des temps futurs et d'appels au « lendemain », ces passages d'Ésaïe seront ses talismans.

Jérémie regorge d'appels à la paix, de déploration furieuse de la bêtise et de la bestialité des

1. Ésaïe 60, 10.

hommes. Écrites par un scribe, les prophéties de Jérémie, le récit historique inclus dans son œuvre sont attribués aux VIIe ou VIe siècles. Jérémie lui-même serait originaire d'Anatôt, dans le territoire tribal de Benjamin. Ses condamnations d'un Israël idolâtre sont parmi les plus implacables des Écritures. En comparaison, Juvénal et Swift font figure de consolateurs. Par l'entremise de Jérémie, son serviteur, le Seigneur se répand en malédictions et en promesses d'anéantissement. La famine conduira au cannibalisme. Les mères finiront par dévorer leur progéniture. Le sang inondera le pays dévasté. Chaque fois qu'Élohim est prêt à retenir Sa main punitive, à se montrer miséricordieux et généreux envers Son peuple élu, Israël se vautre à nouveau dans l'abomination, dans le culte de Baal et la pratique de l'injustice. Sédécias sera ainsi livré entre les mains de ses ennemis meurtriers[1] ; ainsi Dieu fera-t-il des « villes de Juda une désolation, sans un habitant[2] ». Et Jérusalem tombe après un siège terrible. Jugé hérétique (comme Socrate) et traître (comme Trotsky), Jérémie est mis à mort. Aucune société ne saurait supporter la

1. Jérémie 21, 7.
2. Jérémie 34, 22.

rage inquisitoriale de sa clairvoyance. Dans l'épilogue des Lamentations dites de Jérémie, il est des passages dont la lecture est presque impossible après l'Holocauste : « Notre patrimoine est détourné au profit d'étrangers, nos maisons au profit d'inconnus. [...] Notre peau est noire comme un four à cause des affres de la famine[1] » (à la place de « famine », en hébreu, on peut aussi bien lire « terreurs » ou « tempêtes », qui correspondent alors précisément au mot Shoah).

Parmi les « Grands Prophètes », Ézéchiel est celui qui appartient le plus clairement à la période de l'exil. Sa vocation prophétique remonte à Babylone, en 593 avant J.-C. Suivant une tradition tardive, lui aussi fut assassiné par ceux dont il avait dénoncé l'idolâtrie, le refus d'observer la loi mosaïque. Sur le plan de l'art littéraire, le livre est très travaillé et, par moments, idiosyncrasique. Dans l'imagerie apocalyptique et la cosmologie ornementée, presque « baroque » d'Ézéchiel, certains exégètes ont décelé des influences orientales. Le Dieu d'Ézéchiel est à la fois inaccessible à toute influence humaine et radicalement attaché au salut ultime d'Israël. Une impression agaçante

1. Lamentations 5, 2 et 10.

de futilité, le sentiment d'être entendu mais pas écouté colore l'éloquence du prophète. Il est finalement seul avec ses visions surréelles. Cet isolement éclairé est contrebalancé par la proximité impérieuse de Yahvé. Il invite le « Fils de l'Homme » – expression cruciale et opaque chez Ézéchiel – à manger le rouleau sur lequel sont écrites les révélations et monitions divines. La parole de Dieu pénètre et emplit les « entrailles » du prophète ; dans sa bouche, elle est melliflue. Ben Jonson connaissait ce passage quand il appelait à « ingérer » un poème ou une prose inspirés. Pour le christianisme, la vision de la résurrection des morts, des ossements retrouvant la vie et retournant au bercail, se révéla séminale. D'où les efforts tangibles des traducteurs de la « King James Version » pour rattacher leur ouvrage, chaque fois que possible, à la phraséologie et à l'accomplissement du Nouveau Testament.

Hormis leur concision, il n'est rien de petit dans les douze « Petits prophètes ». La diversité des tons et des méthodes est formidable. La genèse de ces textes s'étale du milieu du VIIIe siècle avant J.-C. à la période post-babylonienne. L'économie des voix – Abdias compte vingt et un versets – donne à ces textes un caractère d'urgence, une acuité dans le témoignage et une brusque splendeur plus convaincants qui ne le cèdent en rien aux autres livres des Saintes Écritures.

Chez Osée, que les spécialistes assignent au VIIIe siècle, l'interaction entre l'autobiographie et l'allégorie prophétique est unique. L'infidélité de la femme d'Osée finit par incarner celle du peuple d'Israël envers Dieu. Elle se prostitue à un autre homme comme Israël se prostitue à des dieux étrangers. Avec un art suprême, Osée laisse ouverte la double structure narrative. Le prophète rachète sa femme égarée, et Dieu *peut* pardonner à Son peuple adultère. Mais uniquement, peut-être, après un passage à travers la mort. L'extrême difficulté linguistique de la langue d'Osée, la densité hérissée de son style sont peut-être le signe de la tension psychologique dans laquelle il écrivit. Il y a des tournures dostoïevskiennes dans ce livre déchiré. « Le prophète est un idiot, l'homme de l'esprit est fou, à cause de la multitude de ton iniquité et de la grande haine[1] » *(The prophet is a fool, the spiritual man is mad, for the multitude of thine iniquity, and the great hatred)*.

1. Osée 9, 7.

Joël semble être un auteur tardif, d'après l'exil, qui s'inspire largement de formes et de tons prophétiques beaucoup plus anciens. Par moments, le livre de Joël se lit comme un pastiche d'Amos. Les commentaires continuent de diverger quant au propos de ce bref traité. Joël annonçait-il la ruine d'Israël ou son salut final ? L'invasion de criquets appartient-elle à l'histoire ou n'est-elle qu'une allégorie ? Quelles que soient ces incertitudes, cependant, il est difficile d'oublier les étoiles qui « se retireront de leur clarté » ou le Seigneur « qui rugira de Sion[1] ».

Amos est le plus ancien des livres prophétiques et le premier qui s'attache à un individu. Composé autour de 750 avant J.-C. (voire plus tôt, selon certains), c'est l'un des sommets de l'Ancien Testament. Une individualité titanesque s'en dégage. Les mouvements épiques, lyriques et didactiques entremêlés lui donnent une véhémence inégalée. Dans ce livre, le désert marche sur la ville pourrie, comme lors des révoltes paysannes du Moyen Âge et de la Réforme, comme dans les soulèvements anarchistes de la guerre civile russe ou dans la

1. Joël 3, 15-16 dans la « King James Version » ; 4, 15-16 dans la TOB.

hideuse « purification » accomplie par les Khmers rouges. La misère ascétique de l'affamé et de l'humilié se retourne avec une rage engourdissante contre ceux qui vont chaussés de soie, qui se régalent de « veaux choisis dans les étables[1] », qui se sont fait bâtir des maisons « en pierre de taille[2] » devant les sans-abris. La somme de l'utopie socialiste est résumée dans cette question obsédante : « Deux hommes vont-ils ensemble s'ils ne se sont pas concertés[3] ? » C'est dans le dernier chapitre d'Amos, déjà cité, que le sionisme a trouvé sa note promissoire, que l'État d'Israël peut revendiquer sa légitimation : « Et je sortirai de captivité mon peuple d'Israël, et ils rebâtiront les villes dévastées, et y habiteront ; ils planteront des vignes, et en boiront le vin ; ils feront aussi des jardins, dont ils mangeront les fruits. Et je les planterai sur leur terre, et ils ne seront plus chassés de la terre que je leur ai donnée, dit le Seigneur ton Dieu[4]. » Une prophétie aussi exacte, d'une exactitude aussi saisissante à trois mille ans de distance, ne devrait pas nous laisser sans effroi.

---

1. Amos 6, 4.
2. Amos 5, 11.
3. Amos 3, 3.
4. Amos 9, 14. Voir *supra*, pp. 50-51.

Jonas peut-il nous procurer autre chose que du plaisir ? Du plaisir à cause de son humour – qui ne surabonde pas dans la Bible hébraïque –, de sa finesse psychologique, de la richesse de sa « fabuleuse » brièveté (une étude monographique des premières interprétations médiévales de Jonas couvre deux forts volumes). Il s'agit moins de prophétie, à proprement parler, que de la légende d'un prophète. Dans cette légende, on retrouve les éléments d'un Midrach, d'un commentaire de textes bibliques antérieurs tirés de l'Exode, des Nombres et d'Ézéchiel. Les questions abordées sont des plus graves : la miséricorde doit-elle triompher de la justice ? Dieu, en un sens, peut-il se repentir d'une décision antérieure, donc éternelle ? Son ordonnance de rétribution et de pardon peut-elle s'étendre, au-delà d'Israël, jusqu'à Ninive ? Mais, d'un ton railleur et sans détours, un maître de la narration et du dialogue pose ces énigmes théologiques, juridiques et éthiques dans un cadre où alternent terreur et ironie joyeuse. Qui est ce maître ? Quand a-t-il façonné ce joyau ? Le deuxième livre des Rois évoque un « prophète Jonas » sous le règne de Jéroboam II[1]. Certains

---

1. 2 Rois 14, 25.

analystes décèlent des touches linguistiques araméennes et phéniciennes. Mais tout cela ne situe pas nécessairement Jonas après l'exil. Ce livre a-t-il pu voir le jour aussi tard qu'au IIIe siècle ? Nous n'en savons rien. Mais est-ce bien important ? Le scénario magistral – la triple confrontation de Jonas avec Yahvé, interrompue par les épisodes « choraux » des mariniers et des Ninivites –, le psaume de supplication depuis le ventre du poisson et, surtout, la vive colère de Jonas envers Dieu quand sa prophétie est niée, avec la parabole finale de la gourde flétrie, n'ont cessé depuis de captiver théologiens, moralistes et écrivains. Dans son immensité, le *Moby Dick* de Melville est une méditation sur les merveilles océanes et les mutabilités de ces quatre courts chapitres.

Puis vient Michée, oracle apocalyptique des contreforts de Judée et probablement contemporain d'Ésaïe. Comme Amos, Michée sait l'arrogante ostentation de Jérusalem. Le rétablissement de Sion, à la fin, est très certainement un ajout d'après l'exil. Nahoum (le nom signifie, assez ironiquement, « réconfort ») est une miniature sinistre : trois chapitres implacables qui se concentrent sur la chute de Ninive, en 612 avant J.-C. Le Tout-Puissant est le maître absolu de la politique et de l'histoire des hommes. Les idolâtres sont impuissants face à lui :

> *Thy crowned are as the locusts, and thy captains as the great grasshoppers, which camp in the hedges in the cold day, but when the sun ariseth they flee away, and their place is not known where they are.*
>
> Tes couronnés sont tels les criquets, et tes capitaines telles les grandes sauterelles, qui campent dans les haies par temps froid, mais quand le soleil se lève, ils fuient on ne sait où[1].

Habaquq est un contestataire. Il questionne Dieu. Il l'interroge au cours de l'invasion babylonienne des années 609-598. Pourquoi le Seigneur souffre-t-il cette horreur ? Quand l'humanité pourra-t-elle savourer la paix ? La réponse de Yahvé n'est que trop prévisible : Juda a transgressé et doit être châtié. Assez juste, rétorque le prophète. Mais les multitudes rapaces de Nabuchodonosor ne sont-elles pas plus pécheresses que leurs victimes ? Posté sur sa tour de guet, l'icône expresse de la prophétie, Habaquq attend que Dieu se justifie. Le Seigneur assure à son serviteur tourmenté que l'accomplissement viendra en son temps,

1. Nahoum 3, 17.

que le pacte d'alliance n'est pas mensonger. Le livre d'Habaquq trouve son apogée dans l'un des chants les plus splendides des Écritures :

> *Thou didst walk through the sea with thine horses, through the heap of great waters.*

> Tu as traversé la mer avec tes chevaux, la masse des grandes eaux[1].

Au lieu de ces « grandes eaux », l'hébreu indique « boue », renvoyant de manière plus parlante au miracle de la mer Rouge évoqué dans l'Exode.

Le neuvième des « Petits Prophètes », Sophonie, est aussi en dialogue avec Dieu. La destruction finale de Jérusalem, en 587-586, y est inéluctablement préfigurée. Mais cette catastrophe même peut amorcer un nouveau départ, une renaissance religieuse et morale d'Israël.

C'est cette renaissance qui niche au cœur visionnaire des messages d'Aggée (dont la prophétie est datée de 520 avant J.-C.), de Zacharie, celui qui voit dans la nuit de l'exil, l'adversaire du clergé officiel, et de Malachie.

1. Habaquq 3, 15.

Son nom signifie « mon messager », et ces quatre courts chapitres sont comme un précis typologique de tout ce qui s'est produit avant. Le « grand jour redoutable du Seigneur[1] » approche. Élie reviendra. Mais les pères tourneront leur cœur vers les enfants, et les enfants le leur vers leurs pères. La Bible hébraïque[2] s'achève sur ce qui a toujours été le nœud du judaïsme : la famille.

Dans le canon, le livre de Daniel est placé avant les douze Prophètes[3]. C'est, en vérité, le tout dernier texte de l'Ancien Testament. On peut le dater de 164 avant J.-C. Par son grand art littéraire comme par sa structure, il s'adresse aux juifs cultivés, hellénisés, peut-être aux Hassidim. Mais on le lit aussi à Qumran, parmi les radicaux ou les Zélotes de la mer Morte. Comme Joseph, qui l'a précédé de plusieurs millénaires, Daniel sait interpréter les rêves des rois. Il sait ce qu'augure l'alphabet de feu pour Belshassar[4]. Le livre du futur de Daniel doit

1. Malachie 4, 5.

2. Suivant l'ordre de l'Ancien Testament chrétien, qui n'est pas celui du Tanakh.

3. Mais après, c'est-à-dire dans les Écrits, par le Tanakh et dans la TOB.

4. Daniel 5.

être désormais refermé et scellé. Quand il sera rouvert, l'heure messianique aura sonné. « Heureux celui qui attend [1]. » La Bible qui est dans la Bible attend encore d'être lue.

1. Daniel 12, 12.

4.

Comme les murs de nos musées seraient nus, dépouillés des œuvres d'art qui illustrent, interprètent ou évoquent des thèmes bibliques ! Quelle part aurait le silence dans notre musique occidentale, du chant grégorien à Bach, de Haendel à Stravinsky et à Britten, si nous en retirions tous les textes, scènes et motifs bibliques mis en musique ! Le même constat vaut pour la littérature occidentale. Notre poésie, notre théâtre et notre fiction seraient méconnaissables si nous omettions la présence permanente de la Bible. Au demeurant, il n'est pas de manière catégorique d'en cerner le champ. Cette présence va du volume immense de la paraphrase biblique aux allusions les plus tangentielles ou masquées. Elle comprend toutes les formes d'intertextualité, d'incorporation dans et entre les lignes. Comment circonscrire une implication si constante qu'elle va de la traduction ou de la paraphrase des textes bibliques dans les mystères du Moyen Âge à la présence oblique du biblique dans *Absalom, Absalom !* de Faulkner ? Quelle rubrique unique peut rendre compte de l'utilisation faite d'Akhab et de Jonas dans *Moby Dick*, du redéploiement de personnages bibliques et d'épîtres dans la *Divine Comédie* de Dante, et de la renarration massivement amplifiée du monde des Patriarches dans la tétralogie que Thomas Mann a consacrée à Joseph ? Si un personnage secondaire comme la femme de Lot apparaît déjà dans la poésie en moyen anglais, on la retrouve chez Blake ou chez Joyce. De même, elle est au centre du poème de D. H. Lawrence, « She Looks Back ». La substance de Moïse et de Samson occupe une place de choix dans le romantisme français avec Victor Hugo et Alfred de Vigny. Proust, tel que nous le connaissons, n'existerait pas sans Sodome et Gomorrhe. Il n'y aurait pas non plus de Kafka sans les Tables de la Loi. Pas de Racine sans Esther et Athalie. Les échos bibliques, le jeu des citations masquées ou de la parodie est aussi indispensable au *Faust* de Goethe qu'aux mystérieux reflets de l'Éden et de la Chute dans *La Coupe d'or* d'Henry James (titre qu'on croirait sorti de l'Ecclésiaste) ou aux mutations désolées et sardoniques de cette intrigue première dans *En attendant Godot* de Beckett. L'énumération devient absurde.

La place centrale du biblique est on ne peut plus évidente dans les littératures de langue anglaise. J'ai insisté sur la symbiose entre la traduction de la Bible et la maturation de la langue elle-même depuis Tyndale jusqu'à l'« Authorized Version ». En d'innombrables points touchant le langage courant comme le sublime, le proverbial ou la langue raffinée, parler l'anglais ou l'anglo-américain, c'est « parler la Bible ». Même le volumineux *Dictionary of Biblical Tradition in English Literature* publié sous la direction de David Lyle Jeffrey en 1992 ne saurait prétendre à l'exhaustivité quand son entrée consacrée à Mathusalem, par exemple, doit passer en revue Spenser, sir Thomas Browne, Swift, Burns, Browning, Tennyson, *Ulysse* et le *Back to Methuselah* de George Bernard Shaw (sans parler d'auteurs américains comme Thoreau) !

On peut tenter quelques « coupes » instructives à travers cette profusion. Il est révélateur d'observer des corrélations entre diverses périodes de l'histoire anglaise et américaine et leur préférence pour des thèmes bibliques correspondants. Adam et Samson fascinent la Réforme et le Puritanisme anglais dans le Vieux comme dans le Nouveau Monde. Milton n'est que l'exemple le plus éminent d'une constellation qui inclut Samuel Butler, Spenser, et les innombrables identifications entre l'Amérique du Nord et un Nouvel Éden, entre papisme et philistinisme. Caïn n'a jamais cessé d'exercer son charme sinistre sur l'imagination littéraire. Il est présent dans *Beowulf* et dans le cycle arthurien. Mais c'est dans le romantisme anglais qu'il trouve son plein épanouissement. Coleridge et ses *Wanderings of Cain* (dont *The Ancient Mariner* est, en bien des points, une variante) inspire Byron dans son *Cain : A Mystery*. C'est à ces deux versions que Blake réplique dans *The Ghost of Abel*. Les vibrants échos de la posture romantique de Caïn sont essentiels à l'idée que se fait Melville d'Ismaël ou à l'étude de la culpabilité irrémédiable à laquelle se livre Conrad dans *Lord Jim*. La prodigalité des vertus et défaillances trop humaines, dans la saga du roi David, a inspiré de nombreux romanciers des XIXe et XXe siècles : Dickens, Hardy, Lawrence, Faulkner et Joseph Heller, en particulier. La critique et l'écriture féministes donnent aujourd'hui une place littéraire et critique de premier plan à des figures telles que la fille de Jephté, Judith et Déborah. L'Holocauste n'a pas engendré toute une

« littérature de Job » qu'en langue anglaise. Le Murphy de Samuel Beckett et une légion de miséreux ou parias sont, aujourd'hui, *on the jobpath*, sur le « sentier de Job ».

À cette ubiquité de la présence biblique dans la littérature anglaise, il est une exception capitale, qui a aussi valeur de défi. Diverses études secondaires parlent d'une multitude d'allusions à la Bible chez Shakespeare. On a identifié des citations des Écritures, le plus souvent discrètes ou indirectes. À aucun moment, cependant, il n'est de confrontation de quelque ampleur comme il en est avec Plutarque ou avec Homère. Tout se passe comme si Shakespeare avait à dessein fui non seulement le réservoir narratif de l'Ancien et du Nouveau Testaments, mais aussi l'épanouissement de cette grande ressource, alors même qu'elle façonna la langue anglaise, depuis Wycliffe et Tyndale jusqu'à ses contemporains immédiats. Je risquerais une conjecture : quelque sens instinctif et prudent de son autonomie souveraine aura empêché Shakespeare d'approcher de trop près les seuls textes, le seul discours en action, qui pussent ternir ses propres pouvoirs.

Dans les littératures de langue anglaise, au Royaume-Uni comme dans le reste du monde, cependant, la parenté avec le biblique – telle qu'elle s'est nouée avec les Anglo-saxons et avec Chaucer, telle qu'elle a inspiré Donne, Milton, Blake, Melville, T. S. Eliot et tant d'autres – continue. Mais la Bible appartient-elle à la littérature ?

*

Si rudimentaire que soit une préface à la lecture des Écritures, c'est une question épineuse qu'on ne saurait éviter. Deux réponses antithétiques ont été avancées.

Pour les fondamentalistes, dans l'orthodoxie juive, en Islam, dans des communautés chrétiennes comme les Baptistes, l'Église libre d'Écosse ou les mouvements pentecôtistes, notre Sainte Bible est très exactement ceci : un recueil de *témoignages* anciens, dont chaque mot ou presque, suivant le degré de fondamentalisme, est directement inspiré ou dicté par le Seigneur Dieu. Toute mise en cause de la vérité de ces « documents divinement ouvragés », au nom des sciences naturelles positivistes, de la tolérance politique, de la critique historique ou du changement éthique, est à la fois absurde et blasphématoire. C'est opposer l'intelligence chétive de l'homme (déchu) à l'omniscience et à l'omnipotence de Dieu. C'est causer une fracture fatale entre l'homme et son Créateur. Contester, nuancer ou amender le message de la Bible, son récit des origines de notre monde et de notre ultime destinée, c'est trébucher et sombrer dans un état de trivialité crépusculaire, d'*hubris* insensée et de licence effrénée. Retirez une seule brique, et c'est l'édifice entier qui s'effondrera. Transigez, rejetez une seule affirmation de la Genèse sur la Création, une seule prescription somptuaire et diététique de la Torah, ou l'ascension d'Élie aux cieux, et c'est tout le sanctuaire de la proximité de Dieu qui s'écroulera irrémédiablement. Qui est Darwin, qui est Freud pour élever la voix, parler plus fort que le Buisson ardent ?

Concernant l'intelligence de la Bible, les diverses tactiques du fondamentalisme sont bien plus répandues que ne le voudraient l'opinion « éclairée ». Elles progressent à travers l'Islam et dans le sud-ouest des États-Unis. Elles sont la pratique quotidienne d'une orthodoxie juive sûre d'elle-même et qui va en se multipliant.

La réponse opposée est tout aussi tranchante. L'Ancien Testament et le Nouveau sont des congères de mythes, de fables, de légendes, de codes législatifs, de traités de morale, d'*erotica*, de prescriptions liturgiques et rituelles, de chroniques historiques poursuivant des intentions politiques et de sagas typologiques, qui se sont ajoutés les uns aux autres, au fil des siècles, de manière plus ou moins contingente, dans des contextes socio-ethniques très différents. Des mains multiples y ont concouru. Ce montage abonde en absurdités, en contradictions internes, en férocités archaïques et en répétitions. Les talents spirituels et discursifs sont tellement inégaux que l'idée même d'une autorité *(authorship)* ou d'une unisson divine en devient parfaitement ridicule. Des hommes et des femmes – pour certains, sans doute, doués d'une vision morale et de talents littéraires rares – ont produit ces divers écrits de manière totalement naturelle et, en conséquence, pleinement comparable aux méthodes des grands penseurs, poètes, historiens et législateurs de nombreuses cultures et époques. Nous pouvons bien nous pencher sur un matériau dont la date et la provenance ne sont pas élucidées. Mais ce matériau n'en demeure pas moins mondain, au sens propre du mot. Dans son imagination comme dans sa composition, il appartient totalement à notre monde.

Il pourrait y avoir, on l'imagine, une position intermédiaire. Dans sa lecture des présocratiques, Martin Heidegger postule un moment dans l'évolution du langage, mais aussi de la pensée et de la perception au sein des actes de langage, antérieur à ce que nous avons connu depuis le rationalisme, c'est-à-dire depuis Platon et Aristote. Les textes auroraux des présocratiques parlent d'un rapport immédiat entre le mot et le monde, entre les êtres discrets et l'être lui-même, d'une immédiateté que l'on n'a pu recouvrer depuis. Les tout premiers penseurs et poètes ont « parlé le monde » avec une vérité et une vulnérabilité sans fard auxquelles seule une poignée de poètes suprêmes ont par la suite fait écho. L'idée est prodigieusement séduisante. Sur le plan biologique et historique, on n'en a pas l'ombre d'une preuve. Dans les paramètres qui sont ceux de l'évolution, le séjour sur terre de l'*homo sapiens sapiens* a été fort bref. Rien ne prouve que l'organisation mentale et psychique qui engendre et qui est engendrée par le parler humain ait été fondamentalement altérée. Si nous pouvons, à quelques réserves philologiques et herméneutiques près, comprendre Anaximandre, Parménide ou Héraclite, discuter avec eux, la raison en est simple : leurs formes d'expression nous sont compréhensibles au même titre que celles des livres de Moïse ou des Prophètes, même les plus visionnaires.

Le bon sens positiviste, qui désigne la Bible comme un livre parmi des livres, fût-il exceptionnel par sa qualité comme par son impact, paraît irrécusable. En la matière, comme l'observait le cardinal Newman, le mysticisme commence dans la brume *(mist)* et finit dans le schisme.

Et pourtant.

Je ne parle ici que pour moi.

À maintes reprises, je me suis efforcé d'imaginer, très vaguement, Shakespeare faisant part à ses familiers ou à ses intimes de ses réussites ou de ses déboires, tel ou tel jour où il travaillait à *Hamlet* ou à *Othello*. Je l'imagine, *simplement*, exprimant sa satisfaction à propos de Feste, dans *Le Soir des rois (Twelfth Night)*, ou de la densité syntaxique (encore unique) de *Coriolan*. Puis s'enquérant du prix des choux. Quand j'essaie de me faire une idée naturaliste des compositions de Schubert l'année de sa mort, ou quand j'essaie de dégager le « sens commun » de la production par Einstein, en huit mois, des quatre courts articles qui devaient changer non seulement notre intelligence de l'univers, mais aussi toutes les affaires humaines (en raison de leurs conséquences nucléaires), je me sens déjà démuni. Mais tout de même…

Ce dont je suis bien incapable, c'est de me faire en pensée une image, si naïve soit-elle, une idée des techniques littéraires ou des transports rhétoriques, si magistraux soient-ils, en présence de l'auteur, ou des auteurs, des discours qu'adresse Dieu depuis le tourbillon dans le livre de Job, d'une bonne partie du Qohéleth, de certains psaumes ou de portions considérables du « Second Ésaïe ». L'image d'un homme ou d'une femme déjeunant, dînant, après avoir « inventé » et couché par écrit ces textes bibliques ou d'autres me laisse, pour ainsi dire, aveugle, ne sachant sur quel pied danser. Je m'achemine à tâtons vers quelque notion de « surréalisme », un ordre d'inspiration et d'empire sur les mots pour lequel nous n'avons pas d'analogie satisfaisante ni la moindre explication totalement naturaliste. Peut-on concevoir des degrés d'« audition », d'écoute intérieure concentrée au milieu de silences qui ne nous sont plus accessibles, possédant une telle intensité qu'ils donnent à la conscience une ouverture immédiate, depuis inaccessible, à la métaphore, à l'image, à ce que j'ai appelé la « présence réelle », à un sens qui « prend corps » *(bodying forth*[1]*)*? La croyance judaïque suivant laquelle Élie fut le dernier homme à regarder Dieu directement, le

1. Suivant l'expression employée par Shakespeare dans *Le Songe d'une nuit d'été*, V, 1, v. 14.

postulat islamique d'une mutation des perceptions religieuses et philosophiques après la disparition des descendants directs du Prophète sont également suggestifs sur le plan sémantique.

« Qui est-ce qui obscurcit mon plan par des mots sans savoir[1] ? » Je suis bien incapable d'expliquer de façon entièrement rationnelle comment fait l'homme ou la femme qui pose la question et qui me répond : où étais-je quand les « étoiles du matin chantaient ensemble[2] » ? Ou : la « pluie a-t-elle un père[3] ? »

Peut-être est-ce dans l'ordre des choses. De tous les livres, c'est la Bible hébraïque qui pose le plus de questions à l'homme.

---

1. Job 38, 2.
2. Job 38, 7.
3. Job 38, 28.

Appendice du traducteur

Les livres du Tanakh

La Bible chrétienne ayant modifié l'ordre traditionnel des livres, et notamment changé la place des Prophètes à des fins apologétiques (les traductions œcuméniques récentes y ont remédié), il a paru utile de rappeler ici l'ordre des Livres dans le Tanakh (la « Bible hébraïque ») afin d'éclairer le propos de l'auteur :

La Torah : les cinq Livres de Moïse
(Pentateuque)

Genèse (Gn)
Exode (Ex)
Lévitique (Lv)
Nombres (Nb)
Deutéronome (Dt)

Les Neviim : les Prophètes

LES PROPHÈTES PREMIERS

Josué (Jos)
Juges(Jg)
Samuel I & II (1 et 2 S)
Rois I & II (1 et 2 R)

LES PROPHÈTES DERNIERS

Ésaïe (Es)
Jérémie (Jr)
Ézéchiel (Ez)
Osée (Os)
Joël (Jl)
Amos (Am)
Abdias (Ab)
Jonas (Jon)
Michée (Mi)
Nahoum (Na)
Habaquq (Ha)
Sophonie (So)
Aggée (Ag)
Zacharie (Za)
Malachie (Ml)

Les Ketouvim : les Écrits

Psaumes (Ps)
Proverbes (Pr)

à la Bible hébraïque

Job (Jb)
Cantique des Cantiques (Ct)
Ruth (Rt)
Lamentations (Lm)
Ecclésiaste ou Qohéleth (Qo)
Esther (Est)
Daniel (Dn)
Esdras (Esd)
Néhémie (Ne)

Ordre des livres dans la « King James Version »

Pour des raisons tenant de la critique historique, de la philologie, de l'analyse des textes aussi bien que de l'œcuménisme, l'ordre des livres de la Bible chrétienne a si profondément changé depuis la « King James Version » qu'il a paru utile de rappeler ici, pour mémoire, l'ordre des livres dans cette traduction. L'organisation du commentaire de George Steiner demeurerait autrement par trop opaque :

Genèse
Exode
Lévitique
Nombres
Deutéronome

Josué
Juges
Ruth
1 Samuel

2 Samuel
1 Rois
2 Rois
1 Chroniques
2 Chroniques
Esdras
Néhémie
Esther
Job
Psaumes
Proverbes
Ecclésiaste (Qohéleth)
Cantique des Cantiques *(Song of Salomon)*

Ésaïe
Jérémie
Lamentations
Ézéchiel
Daniel

Osée
Joël
Amos
Abdias
Jonas
Michée

à la Bible hébraïque

Nahoum
Habaquq
Sophonie
Aggée
Zacharie
Malachie

Table

Du même auteur

Tolstoï ou Dostoïevski, Le Seuil, 1963.
Anno Domini, Le Seuil, 1966 (Folio n° 2344).
Langage et silence, Le Seuil, 1969.
Après Babel. Une poétique du dire et de la traduction, Albin Michel, 1978 ; nouvelle édition entièrement refondue, Albin Michel, 1998.
Le Transport de A. H., Julliard/L'Âge d'Homme, 1981.
Martin Heidegger, Albin Michel, 1981 ; Flammarion, 1987.
Les Antigones, Gallimard, 1986 (Folio Essais n° 182).
Dans le château de barbe-bleue. Notes pour une redéfinition de la culture, Gallimard, 1986 (Folio Essais n° 42).
Comment taire ? Éditions Cavaliers Seuls, 1987.
Le Sens du sens, Vrin, 1988.
Réelles présences. Les arts du sens, Gallimard, 1991 (Folio Essais n° 255).
Entretiens avec Ramin Jahanbegloo, Le Félin, 1992.
La Mort de la tragédie, Gallimard, 1993 (Folio Essais n° 224).

Épreuves, Gallimard, 1993.
Passions impunies, Gallimard, 1997.
Errata. Récit d'une pensée, Gallimard, 1998 (Folio n° 3430).
Grammaires de la création, Gallimard, 2001.

Le flashage de cet ouvrage
*a été réalisé par l'***Imprimerie Bussière**
l'impression et le brochage ont été effectués
sur presse Cameron dans les ateliers
de **Bussière Camedan Imprimeries**
à Saint-Amand-Montrond (Cher),
pour le compte des Éditions Albin Michel.

Achevé d'imprimer en janvier 2001.
N° d'édition : 19564. N° d'impression : 010033/1.
Dépôt légal : février 2001.